조리사를 위한

실험조리 이론 및 실습

김형렬 지음

대 왕 사

머리말

과학기술의 발달과 생활수준의 향상으로 삶의 원천인 식문화는 생명유지의 수단으로가 아니라 생활수준의 척도로 인식되고 있는 실정이다. 사람은 누구나 건강하기를 바라며, 이러한 건강을 유지하기 위해서는 적절한 영양의 섭취와 과학적이고 합리적인 식생활습관을 가져야만 되겠다.

그러나 아무리 영양가 높은 식품이라도 기호성이 없으면 그 식품은 음식으로서 가치를 상실하게 될 것이다. 맛있는 음식을 만들기 위해서는 과학적인 조리이론과 조리사들이 음식을 만드는 데 소요되는 충분한 시간과 정성 그리고 노력이 필수적이라고 할 수 있겠다.

식품은 여러 가지 성분과 조직으로 구성되어 있어 조리하는 과정에서 일어나는 현상을 설명하기가 쉽지 않다. 이를 알기 위해서는 식품의 물리화학적 특성과 조리하는 동안의 환경상태, 조리과정 중 첨가되는 물질의 영향 등에 관한 지식을 가져야 한다. 이와 같이 조리과정에서 일어나는 문제를 과학적으로 규명하고 최적의 조리법을 연구하는 학문을 조리과학이라 하며, 이와 같은 변화를 각 식품별로 직접 실험하여 조리의 과학화를 이룰 수 있는 것을 실험조리라 한다.

따라서 이 책은 실험조리를 함으로 인하여 조리의 과학화를 이룰 수 있고, 더 좋은 음식을 만들기 위한 과학적인 접근을 확립하고 검토하여 음식의 재료와 분량, 그리고 조리방법을 달리한 계획을 세우고 최적의 조리조건을 찾아낼 수 있도록 하여 조리를 전공하고자 하는 학생들에게 조리를 할 수 있는 능력을 배양하고, 전문조리사에게는 이를 메뉴개발에 적용할 수 있도록 하였다.

끝으로 미비한 점이 많지만 계속 보완 · 수정하여 알찬 교재가 되도록 노력할 것을 다짐 드리며, 이 책의 출판을 위해 물심양면으로 도와주신 도서출판 대왕사 박성진 사장님과 편집부 임직원 여러분께 감사드린다.

2017년 8월
김 형 렬

차례

제1장 실험조리의 의의와 목적

제2장 조리과학의 기본이론

제3장 조리과학의 기초

제4장 계량법과 조리방법의 분류

제5장 기초 실험조리

Ⅰ. 계량

Ⅱ. 곡류

Ⅵ. 육류

Ⅶ. 어패류

Ⅷ. 달걀

Ⅸ. 유지류

제1장

실험조리의 의의와 목적

학습목표

1. 실험조리의 필요성과 의의를 안다.
2. 실험조리의 목적을 알아본다.
3. 실험에 임하는 자세와 보고서 작성방법을 알아본다.

조리사를 위한 **실험조리 이론 및 실습**

1

실험조리의 의의와 목적

01.

실험조리의 필요성과 의의

과거의 조리는 경험에 의한 짐작으로 시작하여 여러 번의 반복을 통해 정교한 기술로까지 발전시켜 왔지만, 현대는 좀 더 과학적으로 체계화·표준화할 필요성이 대두되고 있다.

식품은 복잡한 성분과 조직으로 구성되어 있어 조리과정을 거치며 여러 가지 변화가 일어나게 된다. 조리과정에서의 변화는 설명하기가 쉽지 않지만 이를 이해하기 위해서는 식품의 구조와 성분, 물리화학적 특성, 조리하는 동안의 환경상태, 조리과정 중 첨가되는 여러 가지 부재료의 영향 등에 관한 지식을 가져야 한다. 또한 식품을 왜 조리하는지, 조리과정 중의 변화들이 음식의 질에 어떻게, 왜 영향을 미치는지, 그리고 이러한 지식들이 음식의 질을 향상시키기 위하여 어떻게 적용될 것인가에 대하여 알아야 한다. 이와 같이 조리과정에서 일어나는 문제를 과학적으로 규명하고 최적의 조리법을 연구하는 학문을 조리과학이라 하며, 이와 같은 변화를 각 식품별로 직접 실험으로 연구하는 것을 실험조리라 한다.

02.

실험조리의 목적

실험조리를 함으로써 조리의 과학화를 이룰 수 있고 더 좋은 음식을 만들기 위한 과학적인 접근을 확립할 수 있다. 따라서 실험조리에서는 조리원리를 실험을 통하여 검토함은 물론, 음식의 재료와 분량, 그리고 조리방법을 달리한 계획을 세우고 최적의 조리조건, 즉 표준조리법을 찾아

낼 수 있다.

조리는 많은 변수를 내포하고 있는 식품을 재료로 하여 복합적으로 행하여지고 있는 조작이므로 실험에 어려움이 따른다. 실험을 할 때는 신중하게 계획되었다 하더라도 때로는 기대하지 않은 변수들이 야기되기도 한다. 실험실의 온도와 습도는 통제하기 어려우므로 실험의 결과에 영향을 미칠 수 있고, 잘못된 계량, 그릇된 해석, 그리고 개인적인 실험방법의 차이 등도 기대하지 않은 결과를 가져다줄 수 있는 변수들이다. 모든 변수는 실험노트에 기록되어야 하며, 이것은 실험의 결과를 설명하는데 큰 도움이 될 수 있다.

03.
실험에 임하는 자세와 보고서 작성방법

1) 실험에 임하는 자세

실험의 목적·내용, 관찰해야 할 요점, 실험순서 등을 확인해 두고 실험교재와 필기구를 준비해 둔다. 실험에 필요한 기구 및 기기와 사용할 재료를 준비하고 사용하기 편리하게 실험대 위에 정리해 둔다.

실험순서를 고려하여 역할분담을 하고 주어진 실험조건을 정확히 지키도록 한다. 실험결과는 정확하고 자세하게 기록하며, 실험 중에 관찰하거나 실패한 사항 등도 반드시 기록하여 결과를 고찰할 때 참고하도록 한다.

실험이 끝난 후에는 사용한 기구를 깨끗이 씻어 건조시킨 후 제자리에 둔다. 작업대와 싱크대는 깨끗이 닦고 사용한 모든 것은 잘 정리한다.

2) 보고서(The Experimental Report) 작성방법

실험한 결과를 정확히, 그리고 알기 쉽게 정리하는 것은 올바른 실험만큼이나 중요하다. 보고서의 종류에 따라 작성에 다소 차이가 있으나 실험 리포트의 내용과 작성요령은 다음과 같다.

① 실험제목: 실험내용을 명확히 알 수 있도록 간단·명료하게 한다.

② 실험일자: 0000년 00월 00일

③ 조원: 함께 실습한 조원의 이름

④ 실험목적: 실험을 통하여 확인 또는 검토하고자 하는 내용을 간단하고 정확하게 적는다.

⑤ 재료 및 분량: 사용할 재료를 자세히 기록한다.

⑥ 기구 및 기기: 사용할 기구 및 기기를 기록한다.

⑦ 실험방법: 실험방법을 자세히 기록하고, 특히 주의할 점, 방법이 달라진 점 등을 자세히 기록한다. 공인된 실험이라면 실험방법을 참고할 페이지 기록으로 충분하지만, 그렇지 않은 경우에는 다른 사람이 읽었을 때 충분히 실험을 반복할 수 있도록 완전히 기록하여야 한다.

⑧ 실험결과: 실험결과는 표나 그림으로 이해하기 쉽게 정리하는데, 표의 제목은 위에, 그림의 제목은 아래에 적는다. 실험결과 어떤 경우에는 다른 시료와 비교하여 차이가 크게 나타나는 결과를 볼 수 있는데, 이 차이점이 실험처리로 나타나는 실제 차이점인지, 혹은 실험오차로 인한 것인지를 주의 깊게 보아야 한다. 결과에 대하여는 통계학적인 분석을 적용하는 것이 좋다. 가장 기초적인 것은 평균과 표준편차를 나타내는 것이고, 다음으로는 T-test나 분산분석(ANOVA)으로 각 처리군들 사이에 유의차를 보이는지를 조사하며, 관능검사와 기계적 검사의 상관관계를 분석하기도 한다.

⑨ 고찰: 고찰은 결과를 요약하여 설명하고 그런 결과가 나타난 이유가 무엇인지 참고문헌을 근거로 하여 고찰한다.

⑩ 요약 및 결론: 실험내용 전체를 간단히 정리하고 중요한 결론 및 제언을 적는다. 결론은 실험에 기초를 두어야 하며 추측이나 막연한 느낌에 근거한 것이어서는 안 된다. 결론은 실험조건에 의해 제한되어야 한다. 즉 "이 실험의 조건하에서……"라는 어귀를 사용하는 것이 좋다.

⑪ 참고문헌: 작성방법은 한 가지를 선택하여 일관성 있게 한다.

ⓐ 학술잡지일 경우: 저자명, 논문제목, 학술잡지명, 권수(호수), 페이지, 연도의 순으로 적는다(예 김형렬, "발효 정도가 다른 동치미 국물을 첨가한 냉면 육수의 이화학적 특성," 한국조리과학회지, 19(5): 659~666, 2004).

ⓑ 단행본의 경우: 저자명, 책명, 출판지역, 출판사명, 연도, 페이지의 순서로 적는다(예 김형렬, 실전한식조리, 서울: 대왕사, p. 19, 2014).

제2장

조리과학의 기본이론

학습목표

1. 조리의 의의를 안다.
2. 조리와 요리의 차이점을 이해한다.
3. 조리의 목적과 기능에 대하여 알아본다.
4. 조리원리의 중요성과 향후과제를 살펴본다.
5. 음식의 평가법 중 관능적 평가법에 의해 개인에 따라 어떤 결과가 나오는지 알아보고 관능적 평가가 무엇인지 알아본다.

2

조리과학의 기본이론

01.

조리와 요리

조리란 식용가능한 식품군들을 선별하여 굽거나, 볶거나, 삶거나, 찌거나, 튀겨 식품이 가지고 있는 기본적인 특성을 향상시키면서 먹을 수 있는 상태로 만들기 위하여 식품에 물리·화학적인 변화를 주면서 조미하는 과정을 거쳐서 위생적으로 안전하고, 기호성을 높여 음식을 즐겁게 먹을 수 있도록 만드는 과정이라고 정의할 수 있다.

조리학은 식사계획에서 식품의 선택, 조리방법 조작, 식탁의 구성 등 모든 과정을 대상으로 하는 학문이며, 조리원리 혹은 조리과학은 좁은 의미의 조리라고 할 수 있다.

식품을 조리하는 목적은 식품의 영양가를 높이고, 위생적으로 안전하게 해 주며, 기호성을 높여 줌으로써 음식을 즐겁게 먹을 수 있는데 있다고 하겠다. 식품은 조리과정을 통하여 소화성과 맛이 증진되고 독성이 제거되거나 또는 무독한 상태로 되면서 위생적으로 안전하게 된다.

조리학도들은 식품이 조리과정 중에서 일어나는 변화를 올바르게 이해하기 위해서는 물리·

- Culinary: 조리로 번역되며 주방에서 이루어지는 모든 일들을 포괄하는 넓은 의미의 용어
- Cooking: 조리로 번역되며, 엄밀히 말하면 가열조리를 의미
- Food: 음식, 식품으로 번역되며 먹을 수 있는 모든 것을 포함하는 용어
- Cuisine: 요리로 번역하며, 인간의 손에 의해 변화(조리)과정을 거친 음식물

화학 · 생물학적 이론을 습득할 뿐만 아니라 기본적인 조리기술 이외에 식품학 · 영양학 · 위생학 등 기초적인 학문의 이론 습득이 필수적이다.

02.
음식의 맛과 조리원리

우리가 맛이라고 하면 단지 혀의 표면 미뢰에서 느끼는 맛을 말하는 경우가 많은데, 음식을 넓은 의미의 상품으로 본다면 인체의 오감에서 느끼는 모든 감각에 대하여 말할 수 있다. 따라서 이번 학습을 통해 맛의 기본개념과 인체의 오감에서 느끼는 넓은 의미에서의 맛에 대한 이해를 돕고자 한다.

1) 음식의 '맛'이란?

음식의 품질을 결정하는 척도로서 인체의 오감을 통하여 자극된 신경전달체계에 의한 종합적인 심리적 결론이다.

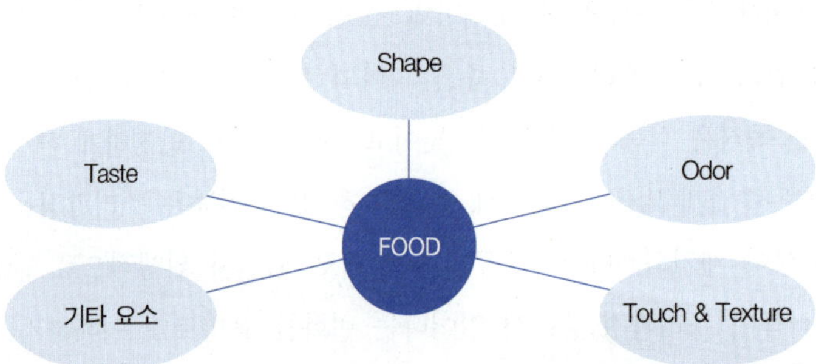

그림 2-1 **식품의 맛에 미치는 인자**

2) 맛의 분류

예부터 맛은 여러 가지로 분류되어 왔다. 그러나 20세기에 들어서 여러 학자들은 맛의 분류방식을 점차로 4가지의 기본맛, 즉 단맛(sweet), 신맛(sour), 짠맛(salty), 쓴맛(bitter)의 4가지로 통일하여 왔다.

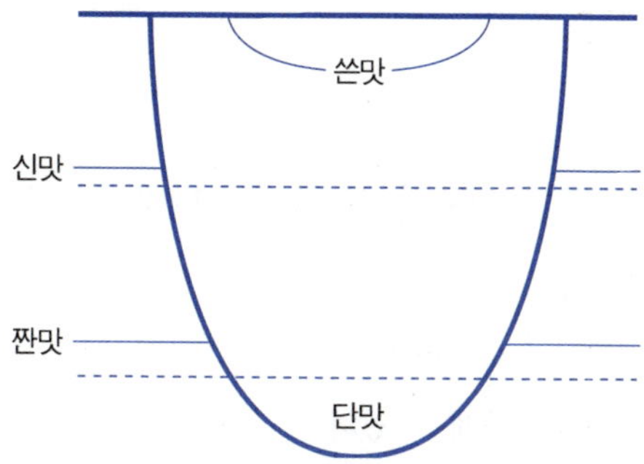

그림 2-2 **혀 표면의 맛지도**

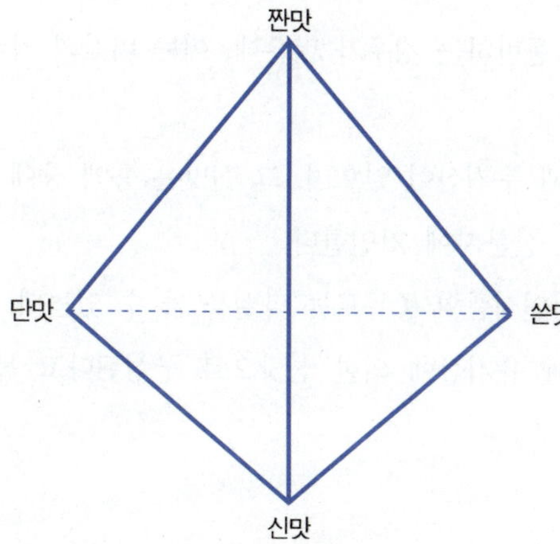

그림 2-3 **Henning의 미각 프리즘**

(1) 짠맛(Salty Taste)

① 짠맛은 조리에서 가장 기본이 되는 맛으로 무기 및 유기 알칼리염으로서 주로 음이온에 의존하고 양이온은 오히려 쓴맛을 낸다.

② NaCl은 가장 순수한 짠맛을 가지고 있는데, 이는 Cl−가 가지는 짠맛에 비하여 Na^{+}의 쓴맛이 아주 적기 때문이다.

③ 우리가 일상생활에서 경험하는 짠맛은 NaCl에서 유래하는 것으로 1% 정도의 농도가 기분 좋은 짠맛을 낸다.

④ 감미료 중 0.1% 정도의 식염이 있으면 단맛이 강화되고, 짠맛은 중성염의 전해질 물질에 의해 느끼는 맛을 말하며, 염 중에서 식염만이 가장 순수한 짠맛을 느끼게 하지만, 짠맛에 소량의 유기산이 첨가되면 짠맛은 더욱 강화된다.

(2) 단맛(Sweet Taste)

① 일반적으로 설탕을 대표로 하는 당류의 맛으로 그 단맛의 정도는 당류에 따라서 다르며, 특히 혀의 끝부분이 예민하다.

② 단맛을 느끼게 하는 물질들은 주로 유기물질이며, 대부분 이온화되지 않는 유기화합물로서 수산기(hydroxy)-OH Group과 관계가 있다.

(3) 신맛(Sour Taste)

① 식품의 신맛은 향기를 동반하는 경우가 많은데, 이는 미각의 자극이나 식욕의 증진에 필요하다.

② 신맛의 성분은 유기산과 무기산이 있으며, 그 신맛은 용액 중에 해리되어 있는 수소이온과 아울러 해리되지 않은 산분자에 기인한다.

③ 신맛의 가장 보편적 자연식품의 종류로는 과실을 들 수 있는데, 과실의 맛은 그 속에 함유된 당류에 의한 단맛과 유기산에 의한 신맛으로 구성된다고 볼 수 있다.

(4) 쓴맛(Bitter)

① 쓴맛은 4원미 중의 하나로 입맛을 해치는 불쾌한 맛이지만, 희석된 쓴맛은 오히려 미뢰를 자극하고 긴장시켜 주므로 잘 받아들여질 때가 있다.

② 쓴맛은 몇 가지 유기화합물과 무기화합물이 갖는 성질로써 Alkaloid, Ketone류 및 무기염류 등을 들 수 있다.

(5) 기타

① 이 밖에도 감칠맛, 매운맛, 떫은맛 등이 있으나 기본적인 맛(basic taste)에 포함되지 않는 맛은 제외하기로 한다.

② 감칠맛에 대하여 살펴보면, 감칠맛이란 단맛, 짠맛, 신맛, 쓴맛이 잘 조화된 구수한 맛을 표현하는 것으로 단일물질에 의한 맛이 아닌 여러 가지 맛을 내는 성분들이 혼합된 것이라 할 수 있다.

3) 냄새(Odor)

모든 식품은 일반적으로 고유의 냄새를 갖고 있으며, 사람들은 오랜 경험을 통해 식품의 고유한 냄새에 익숙하게 되어 평가의 기준으로 활용된다.

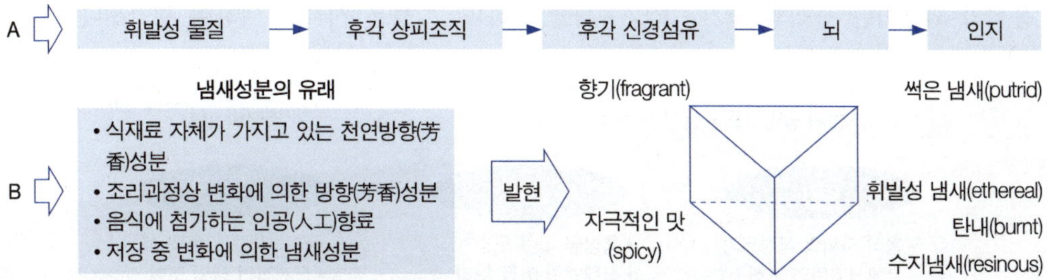

주: A: 인지 Process, B: Henning smell prism.

그림 2-4 냄새의 인지 Process와 Henning의 Smell Prism

4) 촉감과 텍스처(Touch & Texture)

촉감이란 혀에서 느끼는 기계적인 자극을 말하며, 입안에서 씹을 때 느끼는 식품의 견고성·

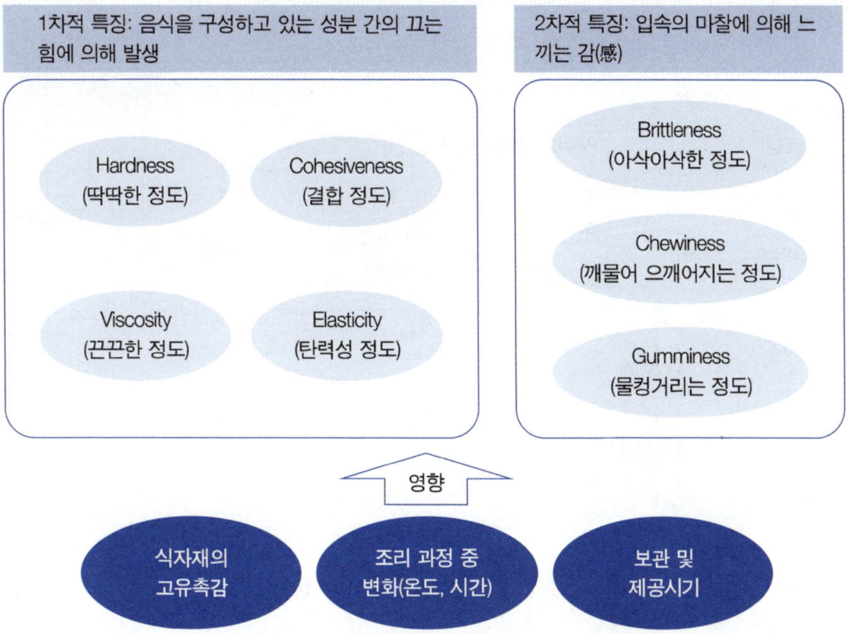

그림 2-5 촉감과 Texture에 미치는 영향요인

연성 · 탄성 등 가공 및 조리 시 변화되는 물리적 성상이 식품의 기호성과 밀접한 관계를 가지고 있는 조직구조를 Texture라고 한다.

5) 식품의 모양(Shape)

음식의 외관이란 음식의 크기 · 모양 · 색을 말하며, 이들은 시각에 의하여 평가된다.

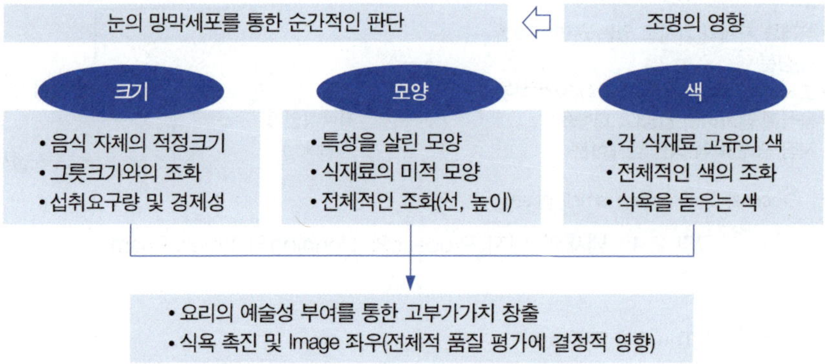

그림 2-6 **외관의 인지 Process**

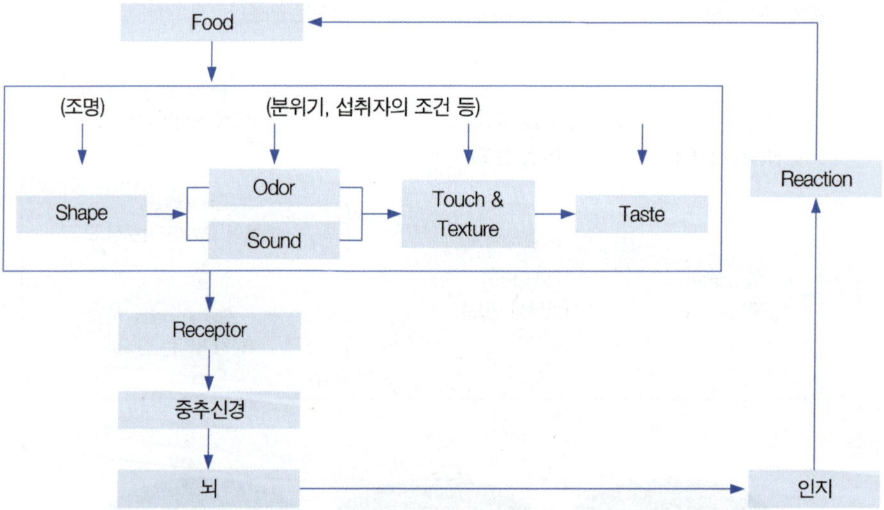

그림 2-7 **'맛'을 인지하는 과정**

03.

관능검사(Sensory Evaluation)

1) 정의

사람의 시각 · 후각 · 미각 · 촉각 · 청각 등의 감각적 느낌에 의하여 음식이나 재료의 특성을 분석 · 평가하는 것으로, 제품의 개발과 연구, 음식의 품질 향상, 저장성 향상 등의 연구에 이용된다. 관능검사의 질문에 대한 답은 매우 쉬워 보이나 실제로는 매우 어렵다. 왜냐하면 판단이 주관적이기 때문에 항상 같은 결과가 나오지 않기 때문이다. 검사방법은 연구목적에 알맞은 것으로 선택하여야 한다.

2) 방법

일반적으로 관능검사법은 크게 차이조사법(difference test)과 기호조사법(preference test)으로 나눌 수 있다.

(1) 차이조사법

차이조사법은 여러 가지 조건하에서 만든 음식 간의 차이 또는 유사성을 조사하여 관능특성의 정성 · 정량적인 평가를 내리는데 적용한다. 이것은 보통 실험실에서 많이 사용하는 방법으로 일반적으로 전문평가자(panel)가 한다.

이 방법에는 2점비교법(paired comparison test), 3점검사법(triangle test), 1 : 2점검사법(duo-trio test), 순위법(ranking test), 채점법(scoring test) 등 여러 가지 방법이 있다.

2점비교법 표준 또는 대조시료와 평가하고자 하는 시료 2개를 동시에 제시하고 이 2개의 시료 사이의 차이 유무를 비교 · 감별하게 하는 방법이다. 이 방법으로 음식을 평가할 때에는 우연히 맞출 수 있는 기호가 50%이다. 그러므로 이 방법으로 얻은 자료의 유의도는 통계처리에 의하여 검증되어야 한다. 이 방법은 어떤 사람의 음식을 평가하는 능력을 시험할 때, 예전에 사용해오던 가공방법과 새로운 방법을 비교할 때, 품질관리 또는 소비자들의 기호를 조사할 때 사용한다.

3점검사법 2개의 같은 시료와 1개의 다른 시료를 동시에 제시하고 이 3개 중에 같은 것 또는 다른 것 하나를 고르게 하는 방법이다. 이 방법에서 우연히 맞출 수 있는 확률은 33%이다. 이 방법은 훈련된 평가원이 하여야 하며, 2점비교법과 거의 비슷한 목적으로 사용된다.

1 : 2점검사법 먼저 1개의 시료를 제시하여 맛을 보게 한 후에 2개의 시료를 동시에 제시하고 그중 어느 것이 먼저의 것과 같은가를 찾아내는 방법이다. 이것은 2점비교법을 약간 수정한 방법이라고 볼 수 있는데, 이 방법도 우연히 맞출 수 있는 확률은 50%이다. 이 방법은 우수한 식별력을 가진 평가원을 선출하기 위한 방법으로 쓰이거나, 훈련을 받은 평가원에게 음식의 질을 평가시키기 위하여 사용된다.

순위법 동시에 여러 개의 시료를 제시하여 어떤 한 가지의 특성을 기준으로 그것의 강도 또는 기호도에 따라서 순위를 정하게 하는 방법이다. 이 방법은 시료 간에 차이가 크고 시료의 수가 많은 경우에 쓰는 방법이다. 시료의 특성이 여러 가지일 때는 이들을 각각 분해하여 따로 평가하여야 한다. 예를 들면, 먼저 단맛에 따라서 순위를 정하고 다음에는 색에 관하여 순위를 정한다. 이 방법은 점수화할 수도 있다.

채점법 이 방법은 어느 실험에나 다양하게 이용할 수 있을 뿐만 아니라 비교적 간단하고 통계처리하기가 쉽다. 그래서 음식의 맛과 질을 종합적으로 평가하기 위하여 가장 흔히 사용된다. 이 방법으로 음식을 평가하려면 우선 그 음식을 정확하게 평가할 수 있는 평가표를 작성해야 한다. 음식을 평가하는데 있어서 각 요인의 평가척도(scoring scale)와 등급의 수는 평가의 정확성에 크게 영향을 주는데, 평가척도의 등급은 실험설계에 맞추어 정확하게 음식을 평가할 수 있게, 그리고 평가원의 능력에 맞게 작성되어야 한다. 만일 실제로 인정할 수 있는 질의 등급의 수보다 지나치게 많은 등급을 책정하면 그 음식을 정확하게 평가할 수 없고, 반대로 음식에게 차이를 인정할 수 있는데도 불구하고 그것보다 등급의 수를 적게 책정하면 역시 그 음식을 정확하게 평가할 수 없다.

관능검사의 경험이 많지 않은 학생들에게는 '매우 좋다': 5점, '좋다': 4점, '보통': 3점, '나쁘다': 2점, '매우 나쁘다': 1점 같은 5등급 평가척도가 적합하다고 생각된다. 평가표에 의하여 각 시료를 평가하고 나면 총점을 계산하여 통계처리해야 한다. 실험조건에 따라서는 어느 한 요인이 먹을 수 없을 만큼 좋지 않더라도 총점이 높을 때가 있다. 그러므로 일반적으로 평가표에 '전체적으로 먹을 만한가'(overall palatability, overall eating quality)라는 칸을 만들어 전체적으로 본 식

표 2-1 평가표

점수	술어	점수	술어
10	excellent	+5	gross excess
9	very good	+4	very decided excess
8	good	+3	decided excess
7	slightly good	+2	moderate excess
6	borderline plus	+1	slight excess
5	borderline	0	ideal
4	borderline mi	-1	slight deficiency
3	slightly poor	-2	moderate deficiency
2	poor	-3	decided deficiency
1	very poor	-4	very decided deficiency
0	extremely poor	-5	gross deficiency

품의 가치를 물어본다.

묘사시험법 이 방법은 잘 훈련된 검사원들이 시료의 풍미, 조직감, 후미, 종합적인 평가 등에 대하여 상세하게 묘사하여 기록하게 하는 것이다. 검사원은 식품의 관능적 성질에 대하여 전문적인 지식과 용어·기호·방법 등에 익숙하도록 훈련되어 있어야 하며, 이 관능검사방법은 신제품 개발과 품질관리 및 검사원 훈련 시에 사용된다.

(2) 기호조사법

이 방법은 실험실에서 차이조사를 거쳐 어떤 새로운 음식을 개발했을 때, 시판하기 전에 소비자를 대상으로 그 음식을 좋아하는가 그렇지 않은가를 조사하는 것이다. 그러므로 몇 백명 또는 몇 천명의 훈련을 받지 않은 일반인을 평가원으로 하는데, 전에 판매하던 것과 새로운 것 또는 새로 개발한 2개를 비교하는 2점비교법을 많이 사용한다.

3) 관능평가의 원리

(1) 준비와 Sampling

동일한 방법으로 만들어진 음식을 반복적으로 평가하는 것이 좋다. Sampling을 잘 하여야만 하는데, 균일하게 잘 섞거나 동일한 부위를 선정하여야 한다. 모든 Sampling의 신선도는 동일하여야 한다.

(2) Sampling의 제시

① 온도: 모든 Sample의 온도는 동일하여야 한다. 음식을 먹을 때 가장 맛있는 온도를 선택하여 그 온도에서 평가하도록 한다.

② Sample 담는 그릇: 흰색이나 투명한 그릇이 좋다. 1회용 종이접시 또는 플라스틱 그릇을 사용할 수 있으나 냄새가 없는 것이어야 한다.

③ Sample Size: 적어도 두 번 이상 맛볼 수 있는 양이나 크기여야 한다.

④ Sample Coding: 각각의 Sample에 번호를 붙일 때 A, B……나 1, 2……는 바람직하지 않다. 왜냐하면 처음 시작되는 문자나 숫자를 더 좋게 생각할 수 있기 때문이다. 무작위법에 의해 뽑은 숫자를 조합하거나(대부분 세 자리 숫자) Symbol이 이용되기도 한다.

⑤ 시료의 제시순서: 먼저 제시된 시료에 더 높은 점수를 줄 수 있으므로 임의로 위치를 배치하되, 제시할 때마다 동일시료의 위치를 바꾸도록 한다.

⑥ 시료의 수: 관능목적에 따라 다르나 효과적으로 평가하기 위해서는 많은 시료를 한꺼번에 제시하지 않도록 한다.

⑦ 관능검사시간: 평가하기에 적당한 시간은 너무 배가 고프거나 너무 배가 부른 시간을 피해야 하므로 아침 10시나 오후 3시경이 좋다.

⑧ 입 헹구기: 유리잔에 담겨 있는 실온의 물로 시료 각각을 맛볼 때마다 입을 헹군다.

(3) 관능평가를 위한 환경

관능평가를 잘 하기 위해서는 환경이 중요하다. 평가원 각자가 독립적으로 평가할 수 있는 칸막이가 된 자리가 필요하며 밝고, 벽에는 흰색 · 베이지색 · 회색 등의 중간색이 칠해진 것이 좋으며, 온도가 조절되어야 한다. 또한 검사실은 잘 환기되어야 하고, 나쁜 냄새로부터 격리되어야 하며, 안락한 분위기를 주어야 한다. 검사 중 다른 사람과 말하지 않도록 한다.

(4) 평가원(Panelist)의 선택과 훈련

평가원의 선택 그 문제에 관심을 갖고 항상 참석가능한 사람이어야 한다. 건강하고 감기에 걸리지 않았으며, 식품 알레르기나 민감성이 없어야 한다. 향미검사에서는 기본적인 맛에 대한 감지능력이 있어야 한다. 관능평가의 목적에 따라 평가원을 테스트하여 선정할 수 있다. 그러나 기호도 검사에서는 특별히 테스트받지 않은 사람이라도 상관없다.

평가원의 수 묘사와 차이식별검사를 위해서는 최소한 5명 이상이 필요하며, 소비자 기호도조사에서는 최소 50~100명이 필요하다.

평가원의 훈련 평가하기 전에 훈련을 받아야 한다. 평가하는 동안 노력과 집중이 필수적이라는 것을 일깨워 주고, 전문용어에 대한 이해를 하도록 한다. 검사시간 1시간 전에는 음식을 먹으면 안 되고 20분 전까지는 검 · 담배 · 과자 · 커피 등을 먹으면 안 된다.

표 2-2 **카스테라의 관능적 평가표**

특성		종류		
		548(A회사)	297(B회사)	316(C회사)
색 (color)	내부 외부	3 3	7 4	1 5
• 입자의 상태 • 냄새(aroma) • 입안에서의 느낌 • 맛(taste)		5 6 4 5	6 2 5 5	3 3 5 6

※점수
• 7: 대단히 좋음 • 6: 많이 좋음 • 5: 좋음 • 4: 보통
• 3: 나쁨 • 2: 많이 나쁨 • 1: 대단히 나쁨

04.
조리와 기호

1) 식욕과 기호

식욕이란 음식물을 섭취하고 싶다는 욕구로서 생리적 · 심리적 조건이 복잡하게 관련된 것이다. 기호는 음식물에 대하여 "좋아한다," "싫어한다"의 마음의 움직임이다. 음식물이 갖는 기호적 특성, 즉 "맛이 있다"라고 하는 것은 주로 미각에 의하여 느껴지지만, 미각 이외에 후각 · 촉각, 때로는 청각 등의 모든 요인이 서로 영향을 끼친 종합된 맛으로서 느끼는 아주 미묘한 것이다. 음식물의 맛에 관여하는 요인은 〈표 2-3〉과 같이 분류된다. 인간의 기호는 식욕을 바탕으로 개인을 둘러싸는 많은 자극이 요인이 된다.

표 2-3 **음식맛의 분류**

요인적 구분	맛의 종류	영향인자
감각적인 요인	심리적인 맛	• 시각: 외관(모양, 크기), 색, 광택 • 청각: 씹을 때 소리, 음악
	물리적인 맛	• 온냉, 경도, 점도, 씹기, 촉각
	화학적인 맛	• 미각: 떫은맛, 신맛, 단맛, 쓴맛, 지미 • 취각: 냄새
환경적 요인	공복, 기호, 건강상태, 계절, 분위기	

2) 심리적인 맛

(1) 색채와 맛

일본요리는 눈으로 먹는다는 말이 있듯이 색도 기호에 크게 관여를 한다. 그러므로 여러 가지 모양의 아름다운 식기에 예술적인 담기를 한 음식은 식욕을 돋우고, 식품재료의 색이나 모양도 맛의 중요한 요소로 작용한다. 우리가 맛있는 음식을 보고 식욕을 느끼는 것은 본능에 의한 것이므로 지식이나 이성으로 바꿀 수는 없다. 딸기를 가열하여 잼으로 만들면 빨간색이 없어지고 엷은 갈색이 되는 것은 알고 있어도, 엷은 갈색의 딸기보다 루비와 같이 빨간 반투명의 잼쪽에 식욕이 더 생긴다. 색에도 식욕을 돋우는 색과, 반대로 식욕을 감퇴시키는 색이 있다. 그중에서도 오렌지색이 식욕을 가장 돋운다. 그 다음 빨강이나 황색이 식욕을 돋운다. 반대로 중간인 황록색・자색은 식욕을 감퇴시킨다.

(2) 모양과 맛

식품의 형태는 색과 마찬가지로 습관적으로 전승되는 요소가 많다. 어떤 경우에는 자연에서 얻을 수 있는 기하학적인 모양내기가 아니면 둥글게 한 것을 좋아하기도 한다.

(3) 냄새와 맛

후각으로 냄새를 느끼는 메커니즘은 미각의 경우보다 복잡하고 예민하다. Henning은 기본적인 냄새로 꽃향기(flowery), 과일향기(fruity), 썩은 냄새(putrid) 등의 6가지를 설정하고 그 냄새가 서로 결합하여 모든 냄새를 표현할 수 있다고 하였다.

냄새는 휘발성의 화학성분에 의하여 비강 내의 후각신경이 자극되어 느끼는 것이다 −OH, −CO, −CHO, −COOH, R−OR, −COOR, −C, H, $-NO_2$, $-NH_2$, NCS 등을 가진 정유 · 알코올류 · 알데하이드류 · 산류 · 에스테르류 등이 주요한 것이다.

식품의 향 중에는 별로 좋지는 않지만 식품에 극미량이라도 들어가면 식품맛을 좋게 하는 것이 있다. 이를 인핸서(enhancer)라 한다. 표고버섯을 물에 담그면 효소의 작용으로 렌티오닌(lenthionine)이 생긴다. 이 성분의 백만분의 일이라도 들어가면 매우 맛이 좋게 된다. 표고버섯 외에도 이런 작용을 갖는 향신료가 있다.

식품을 입에 넣기 전에 느끼는 냄새를 아로마(aroma)라고 하고, 플레이버(flavor)는 입에 넣을 때에 느끼는 것으로 풍미 · 향미라고도 하며, 식품의 맛, 냄새, 혀에 닿는 감촉 등이 종합된 것이다. Flavor는 과실 · 야채 등과 같이 처음부터 존재하는 것과 관리 · 가공에 따라 이차적으로 생성되는 것 두 가지가 있다. 불고기, 볶은 커피콩, 간장 등의 Flavor는 이차적으로 생성된다.

05.

조리와 텍스처(Texture)

1) 텍스처란?

텍스처(texture)는 라틴어로서 작물의 균형, 손에 닿는 감촉 등을 나타내는 말로써 사용되는 용어이다. 식품에 있어서도 손이나 입에서 느껴지는 감촉에 대응하는 식품의 물리적인 성질을 나타내는 데 사용하고 있다. 식품의 텍스처는 온도와 맛을 제외한 식품의 물리적 성질로 주로 입안에서의 감촉에 의해서 결정된다고 정의되었으나 넓은 의미로는 손의 감촉과 구강의 피부나 근육을 통해서 느껴지는 경도 · 탄성 · 점성 · 부착성 등으로 표현되는 역학적 성질을 나타내고 있다.

2) 식품 텍스처의 특성

① 경도: 식품의 형태를 변경시키는 데 필요한 힘

② 응집성: 식품의 형태를 이루는 내부결합력의 크기

③ 점성: 단위 힘에 의하여 유동하는 정도

④ 탄력성: 외부의 힘에 의해 생긴 변형이 그 힘을 완전히 제거하면 변형 이전의 상태로 되돌아가는 성질

⑤ 부착성: 식품과 다른 물체(혀 · 치아 · 구강 등)의 표면이 서로 부착되어 있는 상태에서 떼어내는 데 필요한 힘

⑥ 취약성: 식품을 파쇄하는 데 필요한 힘으로서 경도와 응집성과 관계가 있다.

⑦ 저작성: 고형의 식품을 넘길 수 있는 상태로까지 씹는 데에 필요한 힘으로 경도 · 응집성 · 탄력성과 관계가 있다.

제3장

조리과학의 기초

학습목표

1. 조리와 관련된 기초과학적 지식을 이해한다.
2. 에너지 전달, 즉 열의 전달체계를 이해한다.
3. 조리에서 물의 역할을 이해한다.

3
조리과학의 기초

01. 조리과학 기초이론

1) 점성과 탄성(Viscosity & Elasticity)

액체 내부의 분자 밀도가 커지면 분자가 운동을 할 때 충돌하여 마찰을 일으키는데, 이 액체 내부의 분자마찰 저항력을 점성이라 한다.

점성이 클수록 액체는 끈끈해지며, 일반적으로 온도가 낮아지면 점성은 높아진다. 소스(sauce)를 만들 때 더울 동안 점성이 낮으나 차게 할 때는 점성이 높아지게 된다.

탄성은 물질에 힘을 가하여 변형시켜도 원래의 형태로 되돌아오는 힘으로 고무줄과 용수철의 힘이 대표적이다.

점성체와 탄성유체의 성질을 함께 가진 것을 점탄성(viscoelasticity) 물질이라고 하는데, 음식의 맛 · 감촉에 영향을 미친다. 대표적 식품으로는 어묵 · 젤리 · 튀김 등이 있으며, 입안에서의 느끼는 감촉이 좋아야 맛이 있다.

2) 표면장력(Surface Tension)

액체는 모두 그의 표면을 될 수 있는 한 작게 하려는 경향을 가지고 있으며, 외력의 작용이 거의 무시될 수 있게 될 때는 거의 구형을 이룬다.

이 현상은 액체분자 사이의 인력에 기인되는 것이며, 그 종합적 작용은 액체 표면에 따른 일종의 장력인데, 이것을 표면장력이라 한다.

기체에 접하는 액체의 표면에는 항상 표면장력이 작용함으로써 물 혹은 수용액 등의 액체를 공기 중에 떨어뜨렸을 경우에는 구형의 물방울이 된다. 그러나 커다란 물방울은 중력에 의하여 평평하게 된다.

표면장력을 증가시키는 물질로는 설탕이 있으며, 감소시키는 물질로는 지방 · 알코올 · 단백질 등이 있다.

3) 거품(Foam)

거품에 의한 조리식품으로는 Meringues(설탕과 달걀흰자), 맥주, 아이스크림 등이 있다. 이 거품은 먹을 때의 촉감과 관계가 있으며, 표면장력과도 관계가 깊다.

보통 액체의 표면장력이 큰 것은 거품이 생기기 어려우나 한 번 생긴 거품은 없어지기 어렵고, 반대로 표면장력이 작은 것은 거품이 생기기 쉬우나 없어지기도 쉽다.

일반적으로 액체의 표면장력은 온도와 깊은 관계가 있어서 온도가 올라갈수록 저하되기 때문에 거품이 오래가지 않는다. 차게 한 맥주의 거품은 오래 지속되나 더운 맥주는 거품이 생겨도 금방 없어지는 것이 예이다.

식품에서 거품이 바람직한 경우도 있으나, 반대로 우유를 끓일 때나 발효제품 · 두부 · 물엿 등 거품이 좋지 않은 경우도 있다.

4) 콜로이드(Colloid)

보통의 현미경으로는 보이지 않으나 원자 또는 저분자보다 큰 입자(0.1~0.001μ 정도 미립자)로서 어떤 물질에 분산되어 있는 경우를 콜로이드 상태에 있다고 한다.

식품 중에서 달걀 · 우유 등은 모두 콜로이드의 일종이며, 생선식품의 세포 내에 함유되어 있는 액은 전부 콜로이드상이라고 생각해도 좋다.

콜로이드는 액체 속에 고체가 분산되어 있는 것뿐만 아니라 넓은 의미로는 기체 · 액체 · 고체 상호 간의 미립자가 분산되어 있는 것을 전부 콜로이드라고 부르는데, 모든 물질은 적당한 조건만 부여하면 이러한 상태로 만들 수 있다.

보통의 콜로이드는 액체를 분산매로 하여 액체 내에 고체가 분산되어 있는데, 이것을 졸(sol) 또는 콜로이드 용액이라 하며, 졸은 조건에 따라서 젤상으로 교화되어 젤(gel)로 변한다. 이와 같이 고체상으로 되는 것을 Gel이라고 하며, 우유나 된장국은 졸이고, 두부나 묵 등은 젤이다.

5) 용해도(Solubility)

용해도는 용액 속에 녹을 수 있는 용질의 농도를 말하는데, 보통 용액 100g 중에 녹을 수 있는 용질의 양으로 표시하거나 용매 100g 중의 용질의 양으로 나타내기도 한다.

용해속도는 온도의 상승과 함께 증가하고, 용질의 상태, 결정의 크기, 교반, 삼투에 의해서도 영향을 받는다.

조리에 쓰이는 설탕이나 식염 등의 조미료는 온도가 높으면 잘 녹으나, 그 녹는 양이나 속도는 물질에 따라서 각각 상당한 차이가 있다.

식염은 온도가 올라가도 용해도는 별로 상승하지 않으나 설탕은 온도가 높아짐에 따라서 급속히 용해도가 증가한다.

6) 삼투압(Osmosis)

채소에 소금을 가하면 수분이 밖으로 빠져 나오는데, 이것은 삼투압작용에 의해 탈수현상이 일어나기 때문으로, 쉽게 말하면 수분이 빠져 나오는 힘이다.

생선이나 채소 등은 반투막으로 되어 있어서 물이 잘 통하나 소금과 같이 물보다 분자의 크기가 큰 것은 잘 통과하기 어렵기 때문에 막에서 걸린다.

반투막의 바깥쪽에서 식염을 끼얹으면 안과 밖이 같은 농도의 용액으로 되려고 하지만, 식염은 통과하지 못하므로 안쪽에 있는 물이 소금쪽으로 이동하게 된다.

삼투압의 작용은 채소와 어류를 소금에 절이거나 김치 등의 조리에 널리 이용되고 있으며, 음식을 조미할 때에도 분자량이 적은 것이 빨리 음식에 흡수되기 때문에 분자량이 큰 것을 먼저 하는 것이 좋다.

7) 팽윤(Swelling)

건조된 식품, 즉 쌀 · 콩 · 다시마 · 마른표고 같은 것을 물에 넣으면 몇 배로 불어나는 현상을 팽윤이라고 한다.

조리에서 식품을 팽윤시켜 수분이 함유되면, 이 함유된 수분에 열을 가하는 등의 조작을 하는 경우가 많다.

팽윤이 진행될 때에는 부피가 상당히 커지게 되므로, 밀폐된 용기 속에서는 크고 강한 압력이

용기에 가해지며 이 압력을 팽윤압이라고 한다.

팽윤압의 기작은 아직 잘 알려져 있지 않으나, 흡수한 물이 분자 사이에 끼어들어 콜로이드를 형성하기 때문에 일어나는 힘이라고 생각되고 있다.

8) 유화액(Emulsion)

유화액은 하나의 액체가 서로 섞이지 않는 다른 액체 내에 콜로이드상으로 분산되어 있는 상태이다.

유화액에는 수중유적형(oil-in-water)과 유중수적형(water-in-oil)의 두 가지 형태가 있는데, 식품 중에는 수중유적형이 대부분이다.

마가린은 유중수적형(w/o)의 유화액이며, 마요네즈와 샐러드 드레싱은 수중유적형(o/w)의 유화액이다.

유화제를 첨가해주면 유화액은 안정화되는데, 유화제는 주로 단백질 · 검 · 젤 · 지방산 · 인지질의 형태이다.

이들은 기름 간의 반발력을 감소시켜 주는데, 이는 유화제 분자의 한쪽 끝은 수용성이며, 다른 한쪽 끝은 지용성이기 때문에 갖는 기능이다.

02. 에너지 전달

나무 · 석탄 · 숯 · 기름 · 가스 · 전기 등의 재래의 열원에 의한 에너지의 전달은 전도(conduction), 대류(convection), 복사(radiation), 유도(induction)의 과정을 통해서 열이 전달된다.

대부분의 음식은 어느 한 가지 방법에 의한 것보다 여러 가지 복합적인 방법으로 에너지가 전달된다. 극초단파(microwave)는 최근 들어 조리용 열원으로 널리 이용하고 있다.

1) 전도(Conduction)

① 금속 끝을 불에 대면 금속체에 열이 전해져서 전체가 더워지는 것과 같은 전달 방법이다.

② 열이 전달되면 운동 에너지는 한 분자에서 다음 분자로 전달되는데, 물체가 열의 급원에

직접적으로 접촉이 되었을 때 비로소 그 물체는 전도에 의해 가열되게 된다.

③ 전도의 원리를 이용하여 사용되는 조리기구로는 그리들(griddle)과 프라이팬(fry pan)을 많이 사용하고 있다.

2) 대류(Convection)

① 대류에 의한 열의 전달은 공기나 액체를 통해서만 일어나는데, 액체나 공기를 가열할 경우 더워진 부분은 부피가 팽창하고 밀도가 높은 곳에서 낮은 곳으로 이동하여 대류현상이 일어나게 된다.

② 요즘 많이 사용되고 있는 컨백션 오븐(convection oven)은 이러한 원리를 이용하여 오븐에 팬을 달아서 오븐 안의 온도를 일정하게 하여 음식물을 골고루 익게 한다.

3) 복사(Radiation)

① 복사는 열원으로부터 중간매체 없이 가열될 물체로 직접 전달되는 현상을 말하는데, 즉 햇볕을 쬐면 더워지는 것은 태양의 복사열 때문이다.

② 조리에 사용되는 복사열은 가스 · 숯 · 장작 · 석탄 등의 불꽃을 직접 이용하는 것과 토스트를 구울 때 직접적인 전열을 들 수 있겠다.

4) 유도(Induction)

① 유도는 가장 최근에 개발된 가열방법으로 조리기기 상부의 표면 바로 아래에 위치한 고주파수의 유도감응코일을 이용한 것이다.

② 유도가열기기의 상부에 놓여져 사용될 수 있는 조리기구들은 무쇠나 마그네틱, 겉을 에나멜로 입힌 강철로 만들어진 것들이고, 비철물질로 만들어진 기구들은 가열되지 않는다.

5) 극초단파(Microwave)

① 수분을 함유하고 있는 식품은 극성(polarity)을 나타내기 때문에 전자파(radio frequency) 에너지를 효과적으로 만들 수 있다.

② 전자장(electric field)을 만들어 주어서 식품 내의 극성을 일초당 수백만 번 바꾸면 식품 내의 극성 분자들이 매우 빠른 속도로 바뀌기 때문에 마찰열이 발생하여 식품을 조리할 수

있다.

③ 극초단파를 이용한 조리법은 매우 신속하고 간편한 반면, 에너지가 균일하게 조사되지 않기 때문에 식품 전체가 골고루 조리되지 않고, 조리용기에도 제한이 있으며, 비교적 수분 함량이 높은 식품에서만 이용되고 있다.

03.
조리에서 물의 역할

1) 식품 중의 수분

식품의 구성성분 중 가장 중요한 요소 중의 하나인데, 일반적으로 신선한 채소나 과일은 수분 함량이 90% 이상이고, 육류는 60~70%이며, 건조식품은 10% 내외의 수분을 함유하고 있다.

식품 속의 수분은 화학적·미생물적으로 식품의 변질을 일으키는데, 이는 식품 속의 수분을 제거하거나 동결시킴으로써 식품의 변질을 방지할 수 있다.

식품 중의 수분은 식품의 구조와 형태 및 맛에 큰 영향을 주며, 저장성, 가공 및 수송에도 중요한 역할을 할 뿐만 아니라 미생물의 성장에도 밀접한 관계가 있다.

식품 중의 수분함량과 분포 및 결합형태 등은 식품의 품질을 좌우하는 중요한 인자가 된다.

2) 식품 중의 수분의 성질

생물체나 식품 중에 들어 있는 물은 편의상 자유수(free water)와 결합수(bound water)의 두 가지로 나눌 수 있다.

자유수는 식품을 건조시키면 쉽게 제거되며 0℃ 이하에서 잘 얼게 되는 보통형태의 물을 말하는 것으로, 식품 중에는 당류, 염류, 수용성 단백질 등을 용해하는 용매로서 작용하는 물이다.

결합수는 식품의 성분인 탄수화물이나 단백질 분자의 일부분을 형성하는 물로서 이들 분자와 수소결합에 의하여 단단하게 결합되어 -18℃에서도 얼지 않으며, 보통의 방법으로 쉽게 분리할 수 없는 물을 말한다.

이들은 한 식품 속에서 독립적으로 존재하는 것이 아니며, 일부의 자유수는 경우에 따라서 결합수로 될 수 있고, 또 일부 결합수는 자유수로도 될 수 있다.

제4장

계량법과 조리방법의 분류

학습목표

1. 조리과정을 위한 계량법을 알아본다.
2. 조리방법의 종류에 대하여 알아본다.
3. 식품의 조미방법에 대하여 알아본다.

4

계량법과 조리방법의 분류

01.

조리과정을 위한 계량법

1) 계량(Measuring)

식품은 만들려고 하는 음식의 목적에 맞게 준비하려면 정확한 계량과 측정을 하여야 한다. 여기서 계량이라 하는 것은 양·체적·온도·시간의 측정을 말하며, 정확한 계량을 위해서는 계량기구를 올바르게 사용하여야 한다.

양은 저울로 계량하는 것이 정확하나 실제 조리를 하는데 있어서는 재료의 중량보다 체적을 더욱 많이 사용하고 있다. 오랜 경험을 가진 조리사라면 눈대중과 손가락의 감각으로 맛있는 요리를 조리할 수 있지만, 경험과 숙달을 익힐 때까지는 하나하나 계량해서 익혀 두면 편리하다.

(1) Weights of Standard Meter

1Gallon (128OZ) 3.78L	=	2Halves (1half=64OZ)	=	4Quarts (1Qt=32OZ)	=	8Pints (1Pt=16OZ)	=	16Cups (1Cup=8OZ)

1t*	=	5g
1T**	=	3t
1Cup	=	200g

* t=teaspoon(tsp.)

** T=Tablespoon(Tbs.)

(2) Weights of Staple Foods

조미식품의 계량

(단위: g)

조미식품	1t	1T	1C	조미식품	1t	1T	1C
Water	5.0	15.0	200	Chopped Garlic	3.0	9.0	120.0
Soy Sauce	5.7	17.0	230	Peeled Garlic	–	–	110.0
Vinegar	5.0	15.0	200	Peeled Ginger	–	–	115.0
Liquor	5.0	15.0	200	Hot Pepper Power	2.0	6.0	80.0
Salt	2.7	2.7	130	Pepper Power	3.0	9.0	120.0
Sugar	4.2	12.5	150	Sesame Seed	3.0	7.0	90.0
Starch Syrup	6.0	18.0	292	Sesame Salt	3.0	8.0	120.0
Cooking Oil	3.5	11.0	180	Flour	3.0	8.0	105.0
Sesame Oil	3.5	12.8	190	Starch	3.0	7.2	110.0
Salted Fish	6.0	18.0	240	Hot Pepper Paste	5.7	17.2	260
Seasoning	3.5	10.5	140.0	Salted Bean Paste	6.0	18.0	280

일반식품의 계량

식품	계량	중량(g)	식품	계량	중량(g)
Rice, Bean	1C	160	Barley	1C	180
Sesame Seed	1C	120	Perilla Seeds	1C	110
Corn	1C	155	Millet	1C	160
Powdered Rice	1C	100	Powdered Bean	1C	98
Powdered Malt	1C	115	Pinenut	1C	140
Powdered Pinenut	1C	90	Korean Cabbage	1개	1,300
Radish	1개	700	Potato	1개	140
Sweet Potato	1개	250	Green Pepper	1개	10
Lotus Root	1개	170	Egg Plant	1개	100
Taro	1개	45	Crown Daisy	1단	230
Burdock	1개	400	Spinach	1단	250
Carrot	1개	100	Garlic	1통	30
Cucumber	1개	150	Ginger	1쪽	20
Squash	1개	300	Green Onion	1뿌리	40
White Onion	1개	160	Spring Onion	1뿌리	20
Leek	1단	160	Water Parsley	1단	180
Wild Chive	1단	80	Prawn(M)	1마리	30
Chicken	1마리	1,200	Prawn(L)	1마리	100
Octopus	1마리	140	Cuttlefish	1마리	500
Sea Squirt	1개	200	Squid	1마리	500
Blue Crab	1마리	300	Sea Cucumber	1마리	100
Dried Pollack	1마리	150	Dried Whitebait	1장	20
Apple	1개	200	Pear	1개	220
Persimmon	1개	150	Mandarin	1개	100

Yellow Melon	1개	600	Peach	1개	140
Plum	1개	40	Grape	1송이	200
Lemon	1개	150	Kiwi	1개	100
Egg	1개	55	Quail Egg	1개	15
Tofu	1모	250	Seaweed	1장	1
Milk	1C	200	Kelp(20cm)	1장	20
Cheese	1장	20	Dry Milk	1T	14

2) Temperature

°F(Fahrenheit)=(°C × 9/5)+32

°C(Centigrade)=(°F－32) × 5/9

3) Abbreviation & Meter Unit

(1) Abbreviation

① ea=each

② gr=gram

③ lt=liter

④ kg=kilogram

⑤ ml=milliliter

⑥ pc=piece

⑦ ph=pinch

⑧ sl=slice

⑨ cl=clove

⑩ lb=pound

⑪ oz=ounce

⑫ cp=cup=C

⑬ tbs(or T)=tablespoon

⑭ ts(or t)=teaspoon

⑮ bn=bundle, bunch

⑯ S/H=sheet

⑰ drop=dash

(2) Meter Unit

① 1oz=28grams

② 1cup=8ozs=0.23liter=240ml=16tbs=48ts

③ 1pint=470ml=2cups

④ 1gallon=4quarts=16cups=3.8liters

⑤ 1quart=2pints=4cups=940ml

⑥ 1lb=453grs

우리 조상들이 자주 쓰는 단위와 도량형의 통일

- 1근=600g, 1관=3.75kg, 1되=1.8L(1말=18L)
- 1가마=10말=100되
- 1가마=80kg, 1말=8kg, 1되=0.8kg
- 술 1되=1.8L, 1말=18L
- 1평(sqm)=3.3058m^2(제곱미터)
- 정부는 2007년 7월부터 '되'·'근'·'평' 등 도량형 표기를 '리터'와 '그램'·'평방미터' 등 미터법으로 통일하였으므로 이와 같은 단위를 쓰지 않는 것이 바람직함

사랑은 밥 짓는 것과 같습니다.

사랑은 한 계단씩
차근차근 밟고 오르는 탑
한꺼번에 점프할 생각은 아예 마셔요.
아무리 사랑에 목마르고 배고파도
서두르지 마셔요.
사랑은 밥 짓는 것과 같아요.
쌀을 씻고, 앉히고, 열을 들이고, 뜸을 들이고
속성의 밥은 문제가 있기 마련입니다.

-정채봉의 '사랑을 묻는 당신에게' 중에서-

02.

조리방법

20세기 초까지는 대체적으로 식품의 성분을 분석하는데 그쳤지만, 음식을 맛있게 만들기 위해서는 오랜 경험을 통하여 비결을 터득하여야만 했었다.

그러나 20세기 초를 조금 지나서부터 식품에 함유되어 있는 성분의 물리적·화학적 성질, 식품의 구조, 그리고 각 식품이 조리과정에서 일으키는 반응 등 질 좋은 음식을 만드는데 필요한 기초지식을 찾는 노력이 계속되어 왔다.

이러한 기초지식을 바탕으로 정확한 조리방법을 터득한다면 질 좋은 음식을 만들 수 있을 것으로 사료된다.

조리방법은 식품의 종류나 배합에 따라 다양하게 되며, 식품에 행하여지는 조리법의 종류로 가열조리와 생물조리로 대별하고, 가열조리는 습식 가열조리와 건식 가열조리 및 초단파 가열법으로 나눠진다.

표 4-1 조리법의 종류

<table>
<tr><th colspan="4">Heat Cooking</th><th rowspan="2">생물조리</th><th rowspan="2">생물조리 또는 가열조리 반응</th></tr>
<tr><th colspan="4">Cooking Method</th></tr>
<tr><td rowspan="2">Moisture Cooking</td><td>• 조림국물 또는 물속에서 가열한다.
• 가열온도 100°C</td><td>Stew</td><td>• 삶은 것
• Stock
• 전골</td><td rowspan="4">• 회
• 초나물
• 겨자채
• 생채
• Salad
• 쌈</td><td rowspan="4">• 초나물
• 나물
• 생채
• Salad
• 음료</td></tr>
<tr><td>• 수증기 속에서 가열한다.
• 가열온도 100°C
• 식품에 따라 85~90°C</td><td>Steam</td><td>• 찜·구이</td></tr>
<tr><td rowspan="2">Drying Cooking</td><td>• 식품을 방사열 또는 금속판의 열로 가열한다.
• 가열온도 150~250°C</td><td>Grill
Roasting</td><td>• 전</td></tr>
<tr><td>• 적온의 유중(油中)에서 가열한다.
• 가열온도 150~190°C</td><td>Deep Frying</td><td>• 볶음</td></tr>
<tr><td>Micro Wave</td><td>• 식품의 가열온도 100°C 까지</td><td colspan="4">전자레인지에 의한 조리</td></tr>
</table>

1) 생식조리

식품이 가지고 있는 그대로의 감촉과 맛을 느끼기 위한 조리방법으로 식품의 조직과 섬유가 부드러워야 하고, 불미성분이 없어야 한다.

육류로서는 쇠고기의 육회 · 생선회 등이 있고, 식물성 식품으로서는 채소와 과일 등을 이용한 생채 · 겉절이 · 샐러드 등이 있는데, 취급할 때 위생적으로 하지 않으면 안 된다.

또한 생식조리에는 무침을 들 수 있는데, 이는 전처리한 어패류나 채소에 혼합 조미료를 넣고 섞는 것으로, 날 채소를 사용할 때는 소금으로 탈수시켜 사용한다.

생식조리의 특징

- 식품의 영양 손실을 최대한 줄일 수 있다.
- 식품이 가지고 있는 고유한 풍미를 살릴 수 있다.
- 소화흡수가 잘되고 식품의 촉감을 살릴 수 있다.
- 위생적으로 취급하지 않으면 병원균의 오염으로 피해를 입을 수 있다.

2) 가열조리

가열조리는 조리방법에서 중요한 단계로서 가열하는 동안 식품의 물리 · 화학적인 변화로 인하여 전혀 다른 맛 · 모양 · 촉감을 가지게 되는데, 이는 단백질의 변성, 지질의 용해, 전분의 팽윤과 호화, 갈변화로 인해 향기 · 색 등이 변하고, 조미료의 첨가로 풍미가 증진되기도 한다.

(1) 건열조리(Dry-heat Cooking)

직접구이(Broiling) 직접구이의 열원은 복사열로 석쇠나 브로일러를 사용하여 조리할 식품을 직접 불 위에 올려 굽는 방법으로, 조리되는 동안 수분이나 기름이 떨어져 연기와 불꽃으로 식품을 그을리게 된다.

열원으로는 탄화가 잘되고 화력이 강한 것이 좋다. 또한 불꽃의 온도는 높으나 식품의 전면을 고르게 가열하지 못하고 부분적으로만 가열하게 되어 타게 되는 경우가 많다.

그러나 불고기와 바비큐 같은 음식은 적당한 훈연효과로 맛이 좋아진다.

간접구이(Grilling) 간접구이 열원으로는 금속판에 의하여 열이 전달되는 전도열로 철판이나 프라이팬 등을 놓고 그 위에 식품을 놓아 가열하게 하게 된다.

식품을 위·아래로 뒤집어 주어 가열면을 바꾸어 주고, 덩어리가 큰 식품은 처음은 높은 열을 사용하고, 나중은 열을 낮추어서 천천히 오랫동안 구워야 식품의 속까지 익힐 수 있다. 반면 덩어리가 작은 식품은 높은 열을 사용하여야 고기의 경우 육즙의 유출을 줄일 수 있어 맛이 좋게 된다.

오븐구이(Roasting & Baking) 오븐 내의 열전달은 대류·복사·전도의 세 가지 방법이 복합적으로 일어나지만, 그 비율은 명확하지 않다.

오븐구이의 대표적인 것은 베이킹(baking)과 로스팅(roasting)으로 나눌 수 있는데, 베이킹(baking) 오븐의 온도를 식품의 요리목적에 맞게 요구된 온도를 맞추고, 오븐 안에서 몰드(mould)를 사용하거나 시트(sheet) 혹은 랙(rack)에 식품을 올려놓고 원하는 정도로 구워낸다.

조리법에 따라서 열을 다르게 조정하며, 낮은 온도에서 건조시키는 목적으로도 사용할 수 있다. 주로 제과·제빵에서 많이 이용하고 있다.

Sauteing(살짝 볶음) 소테는 건열조리방법 중에서도 전도열에 의한 대표적인 조리방법이다. 먼저 열원으로부터 충분한 열이 전달되도록 소테 팬에 적은 양의 기름을 두르고 조리용 스토브(stove)에 얹어 예열한 다음 음식을 넣고 빠르게 살짝 볶는 것을 말한다.

Deep-frying(튀김) 튀김은 건열식 조리방법에서 기름의 대류(convection)원리를 이용하는 조리방법으로써 튀김기에 식물성 기름이나 쇼트닝을 넣고 지방이 녹을 때까지 93°C의 온도를 맞추어 놓고 다 녹으면 160~180°C의 온도를 유지시킨다.

튀김온도의 손실과 기름기가 너무 많지 않도록 한 번에 조금씩 튀긴다. 또한 한 번 튀긴 후 음식이 제공되기 직전에 다시 한 번 튀겨야 식품의 겉표면이 바삭바삭하고 Texture와 풍미가 증가된다.

(2) 습열조리(Moist-heat Cooking)

Blanching(데침) 물과 식품의 비율을 10 : 1로 하며, 데치는 목적은 채소·고기·뼈나 햄 및 염장돼지고기에서 피와 강한 냄새 및 불순물을 제거하기 위한 목적으로 행하고, 푸른 야채의 경우 색을 선명하게 나타내게 하는 방법으로 이용하고 있으며, 단백질 식품의 경우 단백질을 응고시켜 급격히 부패되는 것을 방지하고 식품의 독소를 빼내는 데 이용하고 있는 조리방법이다.

Boiling(삶기와 끓이기) 이 조리방법은 액체를 100°C에서 끓이는 방법과 삶는 두 가지 방법이 있는데, 먼저 삶는 방법을 요약하면 식품의 종류에 따라서 찬 물이나 뜨거운 물을 넣어 조리한다.

① 뚜껑이 있는 찬 물에서: 식품의 겉표면이 거칠거나 딱딱해지는 것을 막고 수분을 흡수하여 골고루 익게 하기 위함

② 뚜껑 없이 차가운 물이나 Stock에서: 비등점 아래에서 천천히 익혀서 딱딱해지는 것을 방지하기 위함

③ 뚜껑을 덮고 끓는 물에서: 식품을 빠르게 익히고, 비타민・무기질・색을 보존하기 위함

④ 뚜껑 없이 빠르게 끓는 물에서: 파스타(pasta) 등의 껍질에 있는 전분이 젤라틴화되고 끓는 물에서 서로 붙는 것을 막기 위함

⑤ 뚜껑 없이 끓는 물이나 스톡(stock)에서: 처음에는 기공을 닫기 위하여 높은 열로 거품이 나게 하고, 온도를 줄여 은근히 끓인다. 끓이는 동안에 수용성 성분이 용출되고, 액즙의 조미료는 끓이는 시간에 따라서 침투하며, 액즙은 항상 증발하게 된다.

※ 참고: 생선・야채는 다량의 수분을 함유하므로 국물을 적게 넣어 끓이며, 건조한 것과 수분이 적은 것은 국물을 많이 하여 끓이면 좋다. 또한 서양조리에서 천천히 끓이는 방법을 Simmering이라고 한다.

Poaching(은근히 익히기) 식품을 물, 스톡(stock), 코트 부용(court bouillon) 안에 잠기게 하여 뚜껑을 덮지 않고 70~80°C에서 천천히 요리하는 방법이다.

※ 참고: Poaching은 은근히 요리하는 과정으로 음식이 건조되는 것을 막아 주며, 70~85°C 이상의 온도에서는 알부민의 손실이 발생한다.

Braising(브레이징) 이 방법은 건열(dry heat)과 습열(moist heat) 조리법을 혼합한 방법이고, 처음에 그리들에서 색을 내기 위하여 굽는 방법(searing)으로 풍미(flavor)를 좋게 하기 위한 조리방법이다.

브레이징 팬(braising pan)에 스톡(stock)과 와인(wine)을 채우고 천천히 익히는 것(simmering)은 결체조직 속의 콜라겐(collagen)을 가수분해시켜서 연하게 하는 데 목적이 있다. 따라서 이 조리방법은 질기고 큰 덩어리 고기에 적당하다.

또한 뚜껑을 덮고 조리하다가 가끔씩 액체를 고기 위에 부어 주면서 스톡이 줄어들면 소스

(sauce)로 사용하면 좋다.

Stewing(스튜) 이 방법은 브레이징 조리방법과 비슷하고, 식품의 크기가 작은 조각으로 하며, 가니시(garnish)를 같이 조리할 때도 있고, 분리하여 조리할 때도 있다.

소스는 식품과 같이 끓이며, 오븐에서 하는 방법과 스토브에서 하는 방법이 있다.

Steaming(증기에 찌기) 물을 끓여서 나오는 수증기가 가진 잠열에 의하여 식품을 가열하는 조리법이다. 증기 내에서는 수증기의 대류가 일어날 뿐이지 식품의 움직임이 없으므로 모양이 뭉그러지지 않고 수용성 물질이 적게 용출되는 장점이 있다.

Glazing(글레이징) 이 조리법은 한식에는 거의 없고 서양요리의 조리법 중에만 있는 것으로서 글라세(glace)란 불어로 '얼음'을 뜻하므로 얼음과 같이 윤이 나야 한다.

당근 같은 야채를 예쁘게 모양(샤토, 올리베트)을 내어 냄비에 액체 · 설탕 · 버터를 소량 넣고, 익히면서 냄비를 흔들면서 당근이 반짝반짝 윤기가 나게 한다.

03.
식품의 조미

음식의 맛을 내는 조미료도 넣는 순서가 있다. 설탕 · 소금 · 식초 · 간장 · 된장 순으로 넣어야 맛이 있다.

설탕을 소금보다 빨리 넣는 것은 설탕은 소금보다 분자량이 커서 분자량이 적은 소금보다 나중에 넣으면 침투하기 어렵기 때문이다. 국물양이 적은 국물은 그런 경향이 강해서 순서가 바뀌면 맛의 균형이 깨진다. 간장 · 된장을 나중에 넣는 것은 향이 날아가지 않도록 하기 위해서다.

1) 식품의 맛

(1) 식품의 맛

식품은 각각 고유의 맛을 가지고 있으며, 이는 식품의 품질을 결정하는 중요한 요소이다. 영양학적으로 우수한 식품일지라도 맛이 없으면 음식으로서의 가치는 없다.

넓은 의미의 맛은 "음식이 맛이 있다," "맛있게 먹었다"와 같은 미각에 의한 것과 색깔 · 냄새

· 질감 등의 모든 요소를 종합한 느낌으로 풍미(flavour)를 의미한다. 좁은 의미의 맛은 혀를 통해서 느끼는 맛으로 달다, 짜다, 쓰다, 시다와 같은 것을 의미한다.

(2) Henning의 맛의 분류

Henning(헤닝)은 4가지 맛이 맛의 정사면체를 형성하고, 모든 맛은 정사면체의 어느 한 공간에서 한 점으로 나타낼 수 있다고 했다.

단맛(sweet taste), 짠맛(salt taste), 신맛(sour taste), 쓴맛(bitter taste)의 4가지 기본적인 맛 외에도 매운맛(hot taste), 맛난맛(palatable taste), 떫은맛(astringent taste), 알칼리맛(alkaline taste), 금속맛(metallic taste), 아린맛(acrid taste) 등이 있다.

(3) 미각기관

가) 혀의 위치별 맛의 민감도

혀의 위치별 맛의 민감도를 살펴보면 [그림 4-1]과 같다.

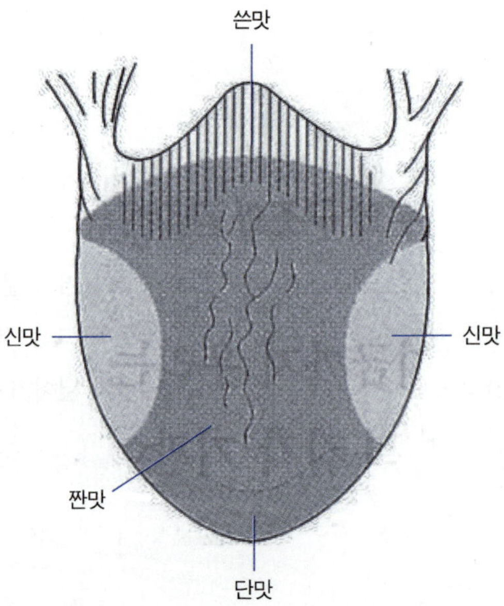

혀의 맛 감각 분포
혀가 부위별로 다른 맛을 느끼는 것은 각 부위에 특정한 맛을 느끼는 미세포가 있기 때문이다.

그림 4-1 혀의 위치별 맛의 민감도

나) 맛의 감지

미각기관은 혀의 표면에 돌기 상의 유두(乳頭)와 미뢰(味蕾)로 구성되어 있다. 미공(味空)은 가용성 물질이 이동하는 곳으로 그 수는 사람에 따라 다르며, 50대 후반부터 감소한다.

> 식품 중의 가용성 물질 → 미공을 통한 이동 → 미뢰의 맛세포 자극에 의한 전위(電位)의 변화 → 미각신경에 의한 대뇌의 미각중추에 전달 → 맛의 느낌

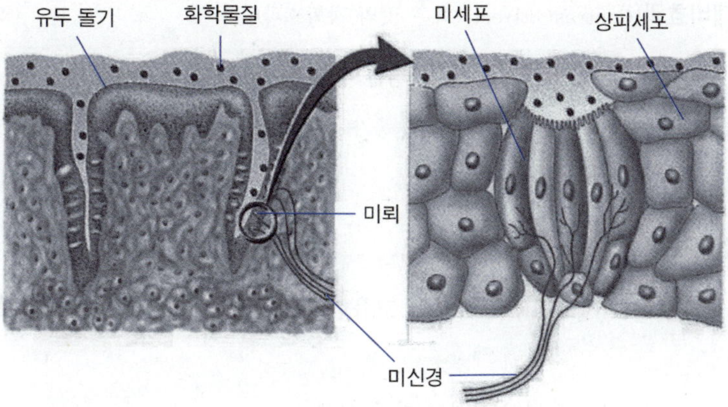

그림 4-2 **사람의 미각기 구조**

(4) 맛의 역가(Threshold Value)

맛을 나타내는 성분의 미각과 그 정도는 종류에 따라 각각 다르기 때문에 미각의 정도를 비교하는 방법으로 역가(threshold value)를 사용한다. 역가란 맛을 느끼는 정미성분(flavour compound)의 최저농도이다. 일반적으로는 쓴맛 성분이 가장 낮고 단맛 성분이 가장 높다.

또한 미각은 온도, 연령, 성별, 기질(액상 · 젤상 · 거품상), 수면, 공복, 흡연이나 건강상태 등에 따라 다르다. 온도는 30°C 전후에 가장 역가가 낮고, 설탕 · 소금 · 주석산 · 카페인은 액상상태의 역가가 가장 낮으며, 50대 후반부터 역가가 높아진다.

> • 정미성분(flavour compound): 맛성분, 즉 단맛, 짠맛, 신맛, 쓴맛 등

표 4-2 기본 정미성분의 역가

맛의 종류	정미성분	역가(g/100ml)
단맛	설탕	0.4108
짠맛	소금	0.1229
신맛	주석산	0.0056
쓴맛	Caffeine	0.0038

(5) 맛의 변화

가) 맛의 대비효과(Contrast Effect, 혹은 맛의 강화효과)

서로 다른 맛성분을 혼합할 경우 주된 성분의 맛이 더욱 강화되는 것이다.

예 단맛 성분에 소량의 짠맛 성분 혼합(단맛 증가: 15% 설탕용액에 0.01% 소금)
짠맛 성분에 소량의 신맛 성분 혼합

나) 맛의 상쇄효과(Compensating Effect)

두 종류의 맛성분을 혼합할 경우 각각의 고유한 맛은 없고 약해지거나 조화된 맛을 나타내는 것이다.

예 간장과 된장은 짠맛과 감칠맛의 조화로 짠맛 상쇄
김치의 짠맛과 신맛의 조화
청량음료의 단맛과 신맛의 조화

다) 맛의 억제효과(Inhibitory Effect)

서로 다른 맛성분을 몇 개 혼합하면 주된 맛성분이 약화되는 것이다.

예 커피에 설탕을 넣으면 쓴맛이 단맛에 억제됨

라) 맛의 변조(Modulation)

한 가지 맛을 본 직후 다른 성분의 맛이 정상적으로 느껴지지 않는 것이다.

마) 맛의 피로(Fatigue, 혹은 순응)

같은 정미성분을 계속 맛볼 경우 미각이 둔해져 역가가 높아지는 현상이다.

바) 미맹(Taste Blind)

쓴맛 성분인 PTC(Phenyl Thiocarbamide)는 정상적인 사람은 쓴맛을 느끼지만 일부 사람은 느끼지 못하며, 이를 미맹이라 한다. 이는 유전적인 요인에 의하여 생긴다.

(6) 식품의 온도와 맛의 변화관계

식품을 섭취할 때 음식의 맛은 온도에 따라 맛의 정도가 달라진다. 신맛은 거의 변화가 없으나 고온일 때 느낌이 많고, 짠맛과 쓴맛은 저온일 때 감도가 좋고 온도상승에 따라 맛을 느끼기 어려우며, 특히 쓴맛은 37℃ 이상이 되면 느낌이 급격히 좋지 않다. 단맛은 34~37℃에서 가장 감도가 좋으며, 20℃ 이하에서 급격히 둔화된다.

표 4-3 **음식을 섭취할 때 적온**(℃)

음식물	적온	음식물	적온
물	10~15	된장국	62~68
커피	72	단팥죽	60~64
냉커피	6	우동	58~70
냉보리차	8	두부	60~70
우유(온)	60	튀김	64~65
우유(냉)	15~16	냉수박	8~10
맥주	8	아이스크림	-6
주스	8~10	찐고구마	80

2) 맛성분

(1) 단맛 성분(Sweet Taste, 甘味成分)

단맛을 나타내는 물질은 대부분 유기화합물로 천연감미료와 인공감미료가 있으며, 단맛 성분은 당류 · 당알코올 · 아미노산 · 방향족화합물 · 황화합물 등이 있다.

단맛 성분은 10% 설탕용액의 감미도를 100으로 하여 상대감미도(relative sweetness)로 나타낸다.

표 4-4 단맛 성분과 상대감미도

종류		감미도	종류		감미도
당류	sucrose(설탕) fructose(과당) invert sugar(전화당) glucose(포도당) rhamnose galactose maltose(맥아당) lactose(젖당) xylose glucosamine	100 150 120 70 60 30 50 20 40 50	당알코올	xylitol glycerol sorbitol erythritol inositol mannitol dulcitol	75 48 48 45 45 45 41
			방향족 화합물	perillartin glycyrrhzin phyllodulcin stevioside	200,000 10,000 40,000 30,000
인공 감미료	saccharin Na-cyclamate aspartame	4,000~50,000 3,000~8,000 20,000	황화합물	propyl mercaptan methyl mercaptan	5,000~7,000 5,000~7,000

인공감미료

사카린(saccharin)은 설탕의 400~500배의 감미를 가지고 있으며, 식품으로 영양학적 가치는 없다. 다량 섭취 시 소화효소의 작용에 지장을 주며, 신장장애를 일으킨다.

아스파탐(aspartam)은 감미도가 설탕의 200배로 아미노산인 L-aspartic acid와 L-phenylalanine을 원료로 만들었기 때문에 영양적이고 설탕과 비슷한 단맛을 낸다. 건조상태에서 안정성이 우수하여 장기보존이 가능하다. 저칼로리 음료에 사용하고 당뇨병과 비만을 방지하면서도 당질과 같은 감미를 맛볼 수 있다.

이성화당(異姓化糖)은 전분을 가수분해하여 포도당으로 만든 후 이성화효소(isomerase)에 의하여 포도당의 일부를 Fructose로 만든 것이다. 이성화당액에는 포도당 52%, 과당 42%, 올리고당이 6% 함유되어 있다. 제과 · 아이스크림 · 음료수 등에 이용된다.

물엿은 산이나 가수분해효소로 전분을 가수분해하여 얻으며, 옥수수 · 감자 · 고구마 전분 등을 원료로 만든다. 여기에는 산화당엿, 맥아엿(고맥아당 시럽)이 있다.

(2) 신맛 성분(Sour Test, 酸味成分)

신맛 성분은 산(acid)이 해리되어 수소이온 농도(H^{+})에 의한 맛이다. 그러나 신맛의 세기는 pH와는 정비례하지 않으며, 동일 pH에서 무기산보다 유기산의 신맛이 더 강하다. 신맛 성분은 무기산 · 유기산 · 산성염 등이 있다.

- 초산의 해리: $CH_3COOH \rightleftarrows CH_3COO^- + H^+$

가) 무기산

무기산은 용액 중에서 대부분 해리되므로 수소이온의 농도가 높지만 혀에 접촉되면 중화되어 신맛이 소멸된다. 식품에 이용되는 무기산은 탄산(CO_2)과 인산(H_3PO_4)이 있으며, 탄산은 청량음료와 맥주에 이용하고 인산은 청량음료에 이용한다.

나) 유기산

유기산은 혀에서 서서히 해리되어 신맛이 지속되므로 신맛을 강하게 느낀다. 식품 중에 신맛을 나타내는 유기산은 〈표 4-5〉와 같다.

생활에서 날마다 섭취하는 초산 · 젖산 · 사과산 · 호박산 · 주석산 · 구연산 등은 식품의 신맛인 동시에 식품의 pH를 낮추어 부패를 방지하는 역할을 한다.

과일에 함유된 사과산이나 구연산 등의 유기산은 과일 특유의 풍미와 감칠맛의 상쾌한 신맛을 나타내므로 미각을 흥분시키고 식용을 증진시킨다.

표 4-5 식품 중의 신맛을 나타내는 유기산

종류	구조식	소재식품	특징
acetic acid (초산)	CH_3COOH	식초, 김치	식초 중 3~4%
lactic acid (젖산, 유산)	$CH_3-CH-COOH$ | OH	요구르트, 김치, 젖산음료	산미제로, 살균력이 있어 식품공업에 사용
citric acid (구연산)	OH | $HOOC-CH_2-C-CH_2-COOH$ | $COOH$	살구, 감귤	산미제로, 청량음료 · 치즈 · 젤리 · 잼 · 드롭프스 등에 사용되며, 산화방지제의 상승제로 사용
maleic acid (사과산)	$HOOC-CH_2-CH-COOH$ | OH	사과, 과일류	젤리 · 과자의 산미제로, 마가린 · 마요네즈의 산미제와 유화안정제로 사용
tartar acid (주석산)	$HOOC-(CHOH)_2-COOH$	포도	청량음료 · 젤리 · 잼에 구연산, 젖산과 함께 사용

succinic acid (호박산)	$HOOC-(CH_2)_2-COOH$	청주, 사과, 딸기	청주 · 합성청주 · 된장 · 간장에 사용
butyric acid (낙산)	$CH_3(CH_2)_2COOH$	부패김치, 산패식품	불쾌한 산미로, 버터 등 동식물의 유지방에 함유
gluconic acid (글루콘산)	$HOOC-(CHOH)_4-CH_2OH$	곶감, 양조식품	풍미 있는 산미
fumaric acid (푸마르산)	$CH-COOH$ ‖ $HOOC-CH$	일반 동식물체	쾌적한 산미로, 주스 · 김치 · 합성주 · 청량음료 · 과일통조림에 사용
ascorbic acid (아스코르빅산, vitamin C	$C_6H_8O_6$	과일, 채소	산화방지력이 있으며, 상쾌한 산미로 주스 · 과일통조림에 사용

김치와 신맛

우리 한국인은 거의 매일 김치를 먹는다. 새로 담근 김치는 신맛이 없지만 잘 익은 김치는 신맛이 난다. 김치가 익는 과정에서 유산균이라는 세균(박테리아)은 김치에 포함된 당을 젖산으로 변화시킨다. 이때 생성된 젖산이 김치의 신맛을 나게 한다.

또한 요구르트를 만들 때에도 유산균이 이용된다. 유산균을 우유에 넣어 알맞은 온도로 유지해주면 우유는 요구르트로 변한다. 이 과정에서도 유산균은 우유 중에 있는 당분을 젖산으로 변화시키는데, 이 젖산 때문에 요구르트가 신맛을 가지게 된다.

(3) 쓴맛 성분(Bitter Test, 苦味成分)

쓴맛은 식품에 다량 함유되어 있을 경우 대단히 불쾌하게 느껴지지만, 미량으로 존재하거나 희석된 쓴맛은 오히려 미뢰를 자극하고 긴장시켜 주므로 식품의 맛을 강화시켜 주는 작용을 한다. 커피 · 코코아 · 맥주 · 차 · 초콜릿 등의 쓴맛이 그 예이다.

식품의 쓴맛 성분은 알칼로이드(alkaloid), 배당체(glycoside), 케톤(ketone)류, 무기염류, 아미노산 등이 있다.

표 4-6 쓴맛 성분의 종류

분류	종류	소재식품	특징
알칼로이드 (alkaloid)	caffeine(카페인)	차, 커피	녹차 2~3%, 홍차 3%, 커피 1%, 코코아 0.2% 함유, 흥분제
	theobromine(데오브로민)	코코아	흥분제, 이뇨제
	quinine(퀴닌)	키나	쓴맛의 표준물질, 의약품으로 사용(말라리아의 특효약)
배당체 (glycoside)	naringin(나린진)	감귤 껍질	플라보노이드계 색소의 일종
	cucurbitacin (쿠쿠르비타신)	오이 꼭지부	배당체로 A · B · C · D · E 등이 있음
	quercetin(퀴세틴)	양파 껍질	Rutin의 Aglycone
케톤(ketone)류	humulone(휴물론), lupulone(루풀론)	Hop(호프)	맥주의 쓴맛으로, 향균성을 가지고 있어 방부작용도 한다.
무기염류	MgCl	간수	두부 응고제로, 응고 후 쓴맛을 제거하기 위하여 두부를 물에 담가둔다.
아미노산	L-tryptophan L-leucine L-phenylalanine	단백질 구성	콩 단백질의 가수분해에 의한 Dipeptide, 치즈의 변질 등은 쓴맛이 있다.
기타	saponin(사포닌)	콩, 도토리	도토리를 식품화하기 위해서는 묽은 알칼리로 씻어 쓴맛 성분인 Saponin을 제거한다.

※알칼로이드(alkaloid): 식물체 속에 들어 있는 염기성 함질소 화합물의 총칭

(4) 짠맛 성분(Saltry Taste, 鹽味成分)

짠맛 성분은 우리의 식생활과 밀접한 관계를 가지는 정미성분으로 대부분이 염(salt)류이고 대표적인 물질이 소금(NaCl)이다. 유기염 및 무기염이 짠맛을 나타내는 것은 염이 이온으로 해리되기 때문이고, 이때 음이온은 짠맛을 강하게 하며, 양이온은 부가적인 맛을 나타낸다.

가) 무기염(Inorganic Salt)

소금은 염소이온의 짠맛은 강하고 나트륨이온의 쓴맛은 약하기 때문에 가장 순수한 짠맛을 나타낸다(소금: $NaCl \rightarrow Na^{+}$(약한 쓴맛)$+ Cl^{-}$(강한 짠맛)).

$NaCl$ 외에도 KCl, $CaCl_2$, NH_4Cl, $MgSO_4$, $NaNO_3$ 등도 짠맛을 나타내나 양음이온의 짠맛의 세기는 $SO_4^{-2} > Cl^{-} > Br^{-} > I^{-} > HCO_3^{-} > NO_3^{-}$과 같다.

나) 유기염(Organic Salt)

유기산의 알칼리염도 소금과 비슷한 짠맛을 가지고 있다. Disodium Malate(디소듐 말레이트), Diammonium Malonate(디암모니움 말로네이트), Sodium Gluconate(소디움 글루코네이트) 등이 있다.

Na 섭취가 금지된 신장염 · 고혈압 · 간장염 환자나 무나트륨간장 제조에 Diammonium Malonate, Diammonium Sebacinate(디암모니움 세바시네이트) 등이 사용된다.

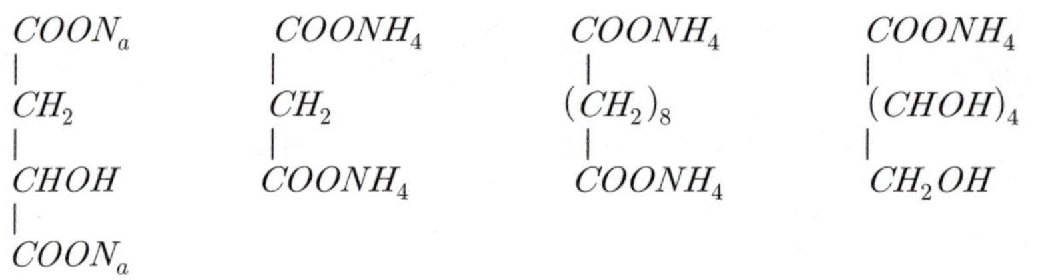

disodium malate　diammonium malonate　diammonium sebacinate　sodium gluconate

그림 4-4 짠맛의 유기염

> **염(salt)**
>
> - 산의 음이온(산기)에 금속(염기의 양이온)이 결합하여 생긴 물질
> - 염=금속+산의 음이온($NaCl$: Na^+=금속, Cl^-=산의 음이온)
> - 염의 생성
>   - 산과 염기의 중화 반응: 산+염기 → 염+물, $HCl+NaOH \rightarrow NaCl+H_2O$
>   - 금속과 산의 반응 등: 금속+산 → 염+수소, $Fe+2HCl \rightarrow FeCl_2+H_2$

(5) 매운맛 성분(Hot Taste, 辛味成分)

매운맛은 순수한 미각성분이라기보다는 미각성분을 자극하는 일종의 통각(痛覺)이라 할 수 있다. 적당한 양의 매운맛 성분은 소화액의 분비를 촉진시키고 식용을 증진시키는 작용을 한다. 식품 중의 매운맛 성분은 크게 황화합물, 산amide류, amine류, 방향족 알데히드 및 케톤류 등으로 나눌 수 있다.

표 4-7 매운맛 성분의 종류

분류	종류	소재식품	특징
황화합물	sinigrin(시니그린) sinalbin(시날빈)	겨자유 고추냉이	흑겨자 백겨자 배상체의 aglycone으로 존재
	allicine(알리신)	마늘, 양파	alliinase의 작용으로 alliin으로부터 생성
산amide류	capsaicine(캡사이신)	고추	유도체 dihydro capsaicine도 매운맛을 가진다.
	chavicine(카비신)	후추	trans 이성질체인 piperine은 매운맛이 없고, cis 이성질체인 chavicine은 매운맛이 있다.
	sanshool(산스훌)	산초	산초나무는 열매는 식용, 씨는 기름으로 식용한다(chinese pepper).
amine류	histamine(히스타민) tyramine(티라민)	부패한 생선 변패된 긴장	불쾌한 매운맛으로, 아미노산이 세균에 의해 탈탄산되어 생성된다.
방향족 aldehyde, ketone류	zingerone(징거론) shogaol(쇼가올)	생상	gingerol은 zingerone과 shogaol의 전구물질이다.
	curcumine(커쿠민)	울금	심황(생강과)으로 카레의 재료로 사용된다.
	cinnamicaldehyde (신나믹알데히드)	계피	계피의 향신성분으로 과자 · 소스 등에 사용된다.

(6) 맛난맛 성분(Palatable Taste, 감칠맛, 旨味成分)

맛난맛은 일종의 혼합맛으로 단맛 · 짠맛 · 신맛 · 쓴맛의 4원미가 조화된 맛이다. 육류의 추출액, 된장, 간장, 젓갈 등에서 느낄 수 있는 맛이다.

맛난맛이 있는 물질은 아미노산, peptide(펩티드), nucleotide(뉴클레오티드), 유기염기와 유기산 등이 있다.

Msg(Mono Sodium Glutamate, 글루타민산소다)

다시마의 열수 추출물에서 분리한 맛난맛 성분으로 조미료로 널리 알려져 있다. 밀 · 옥수수 등의 단백질인 gluten을 산으로 가수분해하여 만들었으나, 최근에는 glutamic acid 발효균에 의한 발효로 생산하고 있다. MSG는 영양성분을 섭취하기 위한 식품이라기보다는 다만 음식의 맛을 내기 위해 음식에 더 첨가해서 사용하는 식품첨가물일 뿐이다.

표 4-8 맛난맛 성분의 종류

분류	종류	소재식품	특징
아미노산과 유도체	glutamic acid (글루타민산)	다시마	mono sodium glutamate(MSG)는 감칠맛의 대표적인 것으로, D형은 맛이 없으나 L형은 맛이 있다.
	glycine(글리신)	오징어, 새우, 게	겨울철에 오징어, 새우, 게 등에 함유된 감칠맛
	creatine(크레아틴) creatinine(크레아티닌)	어류, 육류	이들 성분은 glycine의 유도체이다.
	glutamine(글루타민)	어류, 육류, 채소	glutamic acid의 γ위치의 carboxylrl가 $CONH_2$로 치환된 amide
	asparagine(아스파라긴)	어류, 육류, 채소	aspartic acid의 amide
peptides (펩티드)	carnosine(카노신) anserine(엔세린)	어류, 육류	dipeptide • carnosine: β-analine과 histidine이 결합된 것 • anserine: methyl carnosine
	glutathione (글루타치온)	동식물계 식품에 널리 분포	tripeptide
nucleotide (뉴클레오티드)	GMP(guanylic acid, 구아닐산나트륨) IMP(inosinic axid, 이노신산 나트륨)	IMP: 어류, 육류 GMP: 송이버섯	핵산계 조미료와 MSG는 서로 상승작용을 하며, 1.2%의 소금용액에서 MSG는 같은 양의 5'-GMP가 존재할 때 수십배 더 강한 맛난맛을 나타낸다.
기타	succinic acid(호박산)	조개류, 청주 등 발효식품	유기산으로, 조개류나 청주 등의 맛난맛의 주성분이다.
	taurine(타우린)	오징어, 문어	taurine: aminosulfonic acid
	trimethyl amine oxide	생선	생선의 독특한 맛난맛

맛난맛(旨味)

일본에서는 旨味를 うま味(우마미)라고 하며, 이것을 국역하면 맛난맛 또는 감칠맛으로 번역할 수 있고, 화학조미료가 갖는 느끼한 맛이라고 생각하면 이해가 쉬울 것 같다.

일본에서는 MSG나 핵산을 화학조미료라고 표기한다. Ajinomoto사에 의해 최근에 화학조미료라는 이미지를 불식시키기 위해 UMAMI 조미료라는 이름을 사용하기 시작하였고, KYOWA 발효에서는 Ajinomoto가 주창한 UMAMI에 대응하여 '코쿠'라는 추상적인 단어로 제6의 맛이라고 선전하고 있으며, 우리말에 해당하는 적당한 단어가 없다.

단맛 · 신맛 · 짠맛 · 쓴맛 등 인간의 4대 기본 미각 이외에 제5의 맛이 있다는 오래된 일본학자의 학설이 미국 연구팀에 의해 과학적으로 증명되었다. 제5의 맛에 관한 학설은 1908년 일본 동경제국대학의 이케다 키쿠나에 박사가 해초수프의 특이한 맛을 발견하고, 이 맛을 유발하는 분자를 분리해낸 뒤 이를 '우마미'라고 부른 데서 시작되었다. 이 특이한 맛을 서방에서는 글루타민산나트륨이라고 부르고 있다. 이케다 박사는 인간의 4대 기본 미각을 어떤 방식으로 섞어도 '우마미'의 맛을 낼 수 없다는 이유로 이를 또다른 1차적 기본 미각이라고 주장했었다.

미국 마이애미대학 의대 연구팀은 의학 전문지 『자연신경과학』 최신호에 발표한 연구보고서에서 미각아(味覺芽)세포에 있는 수용체가 입속에서 '우마미'의 존재를 알리는 신호를 뇌에 보낸다는 사실을 쥐실험을 통해 확인했다고 밝혔다. 글루타민산나트륨은 일종의 아미노산으로 육류, 우유, 오래 묵힌 치즈, 해산물 등 단백질이 풍부한 식품에 많이 들어 있다.

발효조미료

MSG(Mono Sodium Glutamate, 글루타민산나트륨)는 발효조미료의 대명사로 1903년에 일본인 이케다 박사가 다시마국물의 구수한 맛을 연구하여 그 맛의 본체가 글루타민산나트륨이라는 것을 밝힌 후 1908년 AJNOMOTO사에 의해 처음 공업화되었다.

당밀을 주원료로 하는 배양액에서 미생물을 발효・정제시켜 만들며, MSG는 전 세계적으로 연간 100만톤 이상 소비되고 있는 것으로 추정된다.

핵산(5′-Nucleotides)

IMP(Inosine 5′-Mono Phosphate 이노신산나트륨), GMP(Guanosine 5′-Mono Phosphate 구아닐산나트륨)로, 1913년 일본인 고마다(小玉)에 의해 말린 가다랭이 맛의 본체가 IMP임이 밝혀졌고, 1960년 일본인 구니나카에 의해 말린 버섯류 맛의 본체가 GMP임이 밝혀졌다.

특히 핵산은 MSG와 함께 사용할 때 맛의 강도가 현저히 높아지는 상승효과를 나타내므로 MSG와 복합하여 사용한다.

복합조미료

발효조미료인 MSG를 기본으로 핵산(IMP・GMP), 유기산(호박산・구연산), 당류, 식염, 기타 성분 등을 코팅 및 혼합하여 분말상 또는 과립상 등으로 만든 조미료이며, 음식 조리 시 MSG 순품만을 사용하는 것보다 복합화하여 사용 시 음식의 맛과 향을 더욱 강하게 하여 적게 사용하고도 동일하거나 더 좋은 맛을 내줄 수 있는 경제적인 기능을 갖춘 조미료이다.

우리나라의 시중에 나와 있는 화학조미료의 형태

- 화학조미료(MSG): 미원, 미풍으로 알려진 기존 화학조미료
- 복합조미료: 기존의 화학조미료에 5′-구아닐산나트륨을 더 첨가한 2.5, 8복합미원 등의 복합조미료
- 종합조미료: 맛나, 다시마, 감치미, 맛깔이라고 불리는 종합조미료

화학조미료를 섭취할 수 있는 또다른 조미료로는 소금에다 기존의 화학조미료를 첨가한 '맛소금'을 들 수 있다. 최근에는 식품가공산업의 발달과 소비자의 천연 및 건강지향심리에 부응하여 천연소 및 천연조미료가 제4의 조미료로 수요영역을 확대해가고 있다.

(7) 기타 맛성분

표 4-9 기타 맛성분

맛성분	종류	소재식품	특징
떫은맛 (astringent taste)	tannin (탄닌)	차잎 (catechin, gallic acid) 감(shibuol) 밤(ellagic acid)	미각의 마비에 의한 수렴성의 불쾌한 맛이다. 탄닌이 중합이나 산화되면 물에 녹지 않게 되고 떫은맛이 사라진다.
아린맛 (acrid taste)	homogentistic acid	우엉, 죽순, 토란, 고사리	쓴맛과 떫은맛이 섞인 일종의 불쾌미로 물에 담가 침출시키면 아린맛이 제거되기도 한다.
금속맛 (metallic taste)	금속이온 (Fe, Ag, Sn)	식기, 수저, 포크	서양에서는 단맛 · 짠맛 · 신맛 · 쓴맛 외에 금속맛 · 알칼리맛을 합쳐 6가지로 분류한다.
알칼리맛 (alkaline taste)	OH^-이온	재(灾)나 알칼리	

3) 맛의 변화

(1) 발효에 의한 맛의 변화

식품은 발효 중에 독특한 맛을 내게 된다. 된장 · 간장의 맛은 원료 중의 탄수화물 · 단백질이 미생물에 의해 대사되어 생긴 당분 · 아미노산 · 염기류의 혼합맛이다. 김치의 맛은 탄수화물이 분해에 의하여 생긴 초산 · 젖산에 의하는 바가 크며, 부원료로 첨가되는 여러 맛성분이 혼합된 맛이다.

(2) 변패에 의한 맛의 변화

식품이 변패하면 불쾌한 맛을 띠게 된다. 쉰밥은 신맛(초산)을 띠고, 오래된 물고기는 지방의 분해에 의한 떫은맛(aldehyde 등)이나 아미노산의 분해에 의해 매운맛(histamine, tyramine)을 띤다. 오래된 청국장은 단백질의 분해가 진행되어 쓴맛(peptone)이 생긴다.

(3) 숙성에 의한 맛의 변화

쇠고기는 도살 후 사후강직 현상에 의해 질기고 뻣뻣하다. 그러나 이후 근육의 섬유질을 파괴시키고 단백질을 약화시키는 효소작용이 일어나면서 고기의 근육질은 점차 연해지는데, 이런

과정을 숙성이라고 한다. 한우고기는 고기의 풍미와 육질 개선을 위해 도축 후 0~4℃ 상태의 냉장실에서 4~7일간 보관하는 숙성기간을 거치는데, 숙성기간을 거친 한우고기는 고기의 색깔이 밝은 적색을 나타내며 광택이 좋고 탄력이 있다.

특히 포도주의 경우 숙성을 통하여 물분자와 알코올의 회합에 의한 알코올맛의 순회와 에스테르(ester)화에 의한 향의 생성, 오크(oak, 참나무)에서 우러나는 색소에 의한 갈변, 참나무향과 탄닌의 용출 등에 의하여 독특한 맛으로 변한다.

육류의 보관

육류의 구입은 한 번 먹을 수 있는 적정량만 구입하는 것이 좋다. 여분의 고기는 2일 이내에 조리할 경우 랩으로 밀착 포장한 후 냉장고에 보관한다. 굳이 얼려야 할 경우는 냉동보관 중 고기 표면에서 수분이 마르는 것을 막기 위해 냉동보관용 용기에 넣거나 랩에 싸서 냉동시키는 것이 좋으며, 냉장육에 비해 육질이 떨어지므로 부득이한 경우가 아니면 냉장육의 상태에서 조리하는 것이 바람직하다.

고기를 장시간 저장할 필요가 있을 경우 냉동시키게 되는데, −20° 이하에서 냉동저장하게 되면 화학적·효소적 변화를 최소화시키고 미생물의 증식을 억제할 수 있다. 그러나 고기의 동결 시 근육세포가 파괴되어 육질에 큰 손상을 주게 되며, 이 밖에도 풍미의 변화, 보수성의 저하, 해동 시 영양성분의 손실 등 많은 문제점을 가지고 있다.

고기의 보존법

고기는 반드시 4℃ 이하에서 보존해야 하며, 공기와 접촉시키지 않도록 한다. 공기 중의 잡균이나 곰팡이류와 접촉하지 않도록 랩으로 밀착 포장해서 밀폐용기에 넣어 보관한다. 고기를 랩으로 포장하면 수분의 증발을 막을 수 있어 풍미를 유지하는 효과도 있다. 고기를 냉장고에 동결상태로 보관할 때에도 랩으로 두껍게 포장하여 표면건조에 의해 고기색이 갈색으로 변하는 것을 막고, 산폐를 지연시켜 저장기간을 연장할 수 있다.

4) 식품과 조미

조미란 식품의 맛이 부족한 경우에 식품의 맛을 맞추는 조작으로서 식품가공에서는 대단히 중요하다. 식품의 기호성은 혀로 느끼는 맛이 좋고 나쁨만으로 결정되는 것이 아니고, 맛·향기·조직감이 조화되어야 할 뿐만 아니라 보기에도 먹음직스러워야 한다. 식품가공은 '기호·영양·보존·원가'라는 상호 상반되는 모순 가운데서 균형을 창조하는 것이다.

(1) 식품의 조미와 조미료

식품의 맛을 맞추는 것을 조미라 하고, 맛을 맞추는 재료를 조미료라 한다. 조미료는 미각·

표 4-10 조미료의 분류

성분		종류
단일성분 조미료	짠맛 조미료	소금
	신맛 조미료	초산, 구연산, 젖산, 주석산, 사과산
	단맛 조미료	설탕, 포도당, 과당, 아스파탐
	쓴맛 조미료	카페인
	구수한 맛 조미료	글루타민산나트륨, 이노신산나트륨, 구아닐산나트륨
복합성분 조미료	발효조미료	간장, 된장, 고추장, 짜장, 미린, 포도주 등
	추출형 조미료	축육, 어육, 해초, 채소 등 엑스
	분해형 조미료	동식물의 단백질 가수분해물(HVP, HAP)
	배합형 조미료	발효형 · 추출형 · 분해형 등이 배합된 것
향신형 조미료		마늘, 양파, 후추, 생강, 고추, 계피 등
향미형 조미료		감귤계 · 민트계 · 축육계 · 어육계 · 유제품계 향미료 등

후각을 자극하여 식욕을 높이고 소화흡수를 좋게 하기 위해서 이용된다. 이와 같이 식품에 맛을 덧붙여 전체의 향기를 맞추는 재료를 조미료라 한다.

(2) 식품의 조미원리

조미원리는 식품에 새로운 향미의 부여, 식품재료가 지닌 맛의 강화, 재료가 지닌 나쁜 맛의 억제, 식품재료가 지닌 맛과 합해서 새로운 향미를 부여하는 등의 조작으로 나눌 수 있다.

가) 새로운 향미의 부여

곡물류 · 야채류 · 축육류 · 어륙류 등의 식품재료를 각각 교묘히 조합시켜 조미료와 기타 첨가물을 가하여 새로운 맛을 내는 식품을 창조하거나, 식품재료의 향미 특성이 없거나 있어도 약한 것을 이용하여 향미를 부여하여 새로운 제품을 만드는 경우이다.

나) 식품재료가 지닌 향미의 강화

식품 중에는 밥이나 국수와 같이 담백하지 않으면 안 되는 것을 제외하고 대부분의 식품은 개개의 식품에 특징적인 향미가 있다. 이 향미를 더 강하게 하기도 하고, 가공 중에 손실된 향미를 보충하는 조작이다.

다) 식품재료가 지닌 나쁜 향미의 억제

가수분해된 식물단백, 효모엑스, 생강, 양파, 정종 등을 가공 시에 넣으면 특유의 냄새가 억제 또는 은폐된다. 이것이 식품이 지닌 바람직스럽지 못한 향미를 억제하는 조미원리이다.

라) 식품재료가 지닌 맛과 합해서 새로운 향미 부여

식품재료가 본래 지니고 있는 맛에 새로 첨가한 조미료 등이 잘 조화되어 새로운 향미를 갖는 식품을 만드는 것이다.

마) 식품의 조직감 향상

식품을 기름에 튀겨 탈수하거나 팽화하는 것은 화학적인 맛을 내는 목적도 있지만, 조직감을 좋게 하여 물리적·심리적인 맛을 향상시키기 위함이다.

바) 식품의 외관 향상

식품의 외관을 좋게 하여 먹음직스럽게 하는 것이 조미의 한 방법이다.

(3) 조미 방법 및 절차

가공식품에서 가장 중요한 것 중의 하나가 맛이다. 식품은 우선 맛이 없으면 식욕이 나지 않기 때문에 새로운 제품을 만드는 데는 조미가 필수적이다. 식품의 조미기술은 좋은 맛을 내면서 값이 싸고 보존성이 있어야 한다.

가) 조미 대상식품의 콘셉트 결정

개발 아이디어가 발견되면 그것을 어떤 제품으로 만들어낼 것인가 그 콘셉트를 명확히 해둘 필요가 있다.

나) 목표 모델제품의 선정

개발하려는 제품과 똑같은 제품이 시판되고 있을 경우에는 이 제품을 목표 모델로 정하여 활용할 수 있다.

다) 조미자료 조사

식품공업의 조미는 가정요리나 음식점요리의 조미방법을 공업화한 것이 대부분이다.

일반적인 식품조미의 방법

① 식품에 조미료를 뿌림

② 식품에 조미액에 담금

③ 식품에 조미료를 혼합

④ 조미액에 식품을 넣고 가열

⑤ 식탁에서 조미료로 조미하는 등의 방법

배합비율에 관한 조사 시판되는 제품의 배합비율은 기업의 기밀상 공표된 것이 거의 없기 때문에 알기가 어렵다. 이런 경우 식품 배합비율집, 식품 특허명세서, 식품가공관련 도서나 요리책에 게재되어 있는 배합비율을 조사한다.

시판되는 제품의 분석 · 평가 식품가공업의 경영자 및 신제품개발 관련자는 다른 기업에서 생산하는 경쟁제품이나 신제품에 대해서 깊은 관심을 갖고 지켜볼 필요가 있다. 제품의 분석은 일반 분석, 맛성분 분석, 관능특성 평가 등으로 분석하며, 평가자료는 반드시 기록으로 남긴다.

라) 조미재료의 준비

조미재료의 종류를 요약한 것을 표로 나타내면 〈표 4-11〉과 같다.

표 4-11 조미자재의 종류 요약표

구분	중요한 조미자재
짠맛을 내는 재료	소금
단맛을 내는 재료	설탕, 포도당, 과당, 맥아당, 물엿, 벌꿀, 감초, 아스파탐, 삭카린, 스테비오시드, 글리실리진산나트륨, 크실로즈, 솔비톨, 알라닌
신맛을 내는 재료	식초, 초산, 구연산, 사과산, 주석산, 후마르산, 젖산, 호박산, 글루코노델타락톤
구수한 맛을 내는 재료	글루타민산나트륨, 이노신산나트륨, 구아닐사나트륨, 호박산나트륨
복합된 맛을 내는 재료	쇠고기, 닭고기, 돼지고기, 멸치, 가다랭이, 조개, 다시마 및 야채 등의 건조품과 그 엑스류, 간장, 된장, 고추장, 미린, 술, 소스, 탈지분유, 이스트엑스, 젓갈류, HVP, HAP, 반응HAP
고소하고 부드러운 촉감을 주는 재료	식물유(참기름, 들기름, 옥수수기름, 땅콩기름, 고추기름, 콩기름, 팜유 등), 동물성(우지, 돈지, 계지 등), 경화유
매운맛을 내는 재료	고추, 후추, 마늘, 생강, 겨자, 와사비, 기타 스파이스

항을 내는 재료	축육계 플레이버, 야채계 플레이버, 향신계 플레이버, 해산물계 플레이버, 합성 플레이버
색을 내는 재료	캐러멜, 터메릭, 모나스커스, 파프리카, 치자, 당근, 합성착색료, 발색제, 표백제
물성을 조절하는 재료	전분, 천연검류, 분말유지, 달걀, 결착제, 유화제, 알긴산나트륨, 카제인, 카르복시메틸세르로즈나트륨

마) 배합시험

식품이 좋은 맛을 내도록 배합하는 데는 많은 경험과 훈련이 필요하다. 우선 맛을 내려는 식품의 천연물이나 천연물엑스를 선택하여 맛의 기초와 특징을 부여하고, 소금 · HVP · HAP · 설탕 등으로 맛을 조화시키며, 맛의 농담을 조정한다.

다음에 글루타민산나트륨 · 이노신산나트륨 · 구아닐산나트륨 · 유기산 등을 이용하여 전체적인 맛조정을 하고, 또다시 향신료 · 향미료 · 차색료 · 유지 · 호료 등으로 기호성을 최종 조정한다.

조미료: 발효공학이 빚어낸 혁명

넣을 것 다 넣어도 맛이 없는 찌개를 연신 맛보다가 투덜거리며 넣게 되는 '하얀 결정체,' 혹은 냉장고 속에 고기나 멸치가 없어 국물 낼 건더기가 없을 때 급히 뿌리게 되는 '갈색가루,' 아마도 부엌에서 음식을 만들어본 사람이라면 누구나 한번은 이들 흰색과 갈색의 조미료에 의지해봤을 것이다.

조미료는 식품의 조리 · 가공 · 섭취 시 맛을 개량하고 강화하는 목적으로 쓰이는 물질로, 본래의 넓은 의미로는 장류나 소금 등이 포함되지만, 일반적으로 '미원'이나 '다시다'라는 상품명처럼 화학조미료로 좁게 인식되어 있다.

조미료는 발효공학이 식품분야에서 이룩한 신기원이다. 초기에는 산가수분해나 RNA분해법 등 화학적 방법으로 조미료를 얻었기 때문에 화학조미료란 이름이 붙었지만 현재는 미생물을 이용한 직접발효공법으로 만들어내고 있다. 때문에 정제 및 발효 조미료가 정식명칭이다. 특히 조미료관련 발효공학은 1980년대 유전공학기술의 발달로 조미료 발효에 필요한 미생물을 유전자 재조합이나 세포융합 등을 통해 개발하고 발효 및 회수 · 정제에 대한 각종 연구까지 활기를 띠었다. 이렇게 발전을 거듭한 조미공학은 그 결과물이 높은 부가가치와 함께 동남아시아 지역까지 점령해가는 식품산업의 보고로 변했다.

조미료는 크게 글루탐산나트륨(MSG: Monosodium Glutamate)과 핵산 및 종합조미료 세 가지로 나눠진다. 이 중 MSG와 핵산은 직접발효로 제조되며, 우리나라를 비롯한 동양권 국가에서 주로 사용되는 종합조미료는 천연재료와 향신료 및 식염을 MSG와 혼합한 것이다.

조미료로 사용되는 대표적인 MSG는 단백질의 구성성분인 아미노산의 일종으로, 코린박테리움 글루타미컴 등의 미생물이 원당(原糖)이나 당밀을 탄소원으로 사용하여 글루탐산을 발효시켜 생산해낸다. 원래 미생물을 만들어내는 MSG 등 아미노산은 최종산물의 농도에 따른 유전자수준의 피드백 억제와 효소수준의 피드백 저해와 같은 미생물의 대사제어기구 때문에 그 양이 조절되어 적은 양만 만들어지는데, 공업적인 대량생산을 위해서는 이러한 대사제어기구를 해제할 필요가 있다. 따라서 미생물을 돌연변이시키거나 바이오틴이나 페니실린의 양을 조절하여 미생물이 GMP를 많이 생성하도록 하는 방법이 동원되고 있다.

핵산조미료는 두 종류로, 신기하게도 이노신산나트륨(IMP)은 쇠고기 맛을, 구아닐산나트륨(GMP)은 송이버섯 맛을 낸다. 특히 이 두 가지가 혼합될 경우 맛이 더욱 좋아지는 시너지효과가 일어나는데, 현재는 핵산만을 사용한 단독조미료보다는 이 시너지효과를 이용하기 위해 IMP와 GMP를 용해한 후 두 물질을 MSG에 코팅을 하는 핵산복합조미료가 많이 사용되고 있다.

우리나라는 일본과 함께 아미노산이나 핵산계 물질과 같은 1차 대사산물의 발효기술에서 세계 어느 나라보다 앞서 나가고 있는 선두주자이다. 우리 가정에서 조미료의 직접 사용이 줄고 있는 것은 사실이다. 과다사용 시 천식 등 알레르기질환을 일으킬 수 있다는 각종 보고가 있었고, 이에 따라 천연조미료 사용 등으로 많이 옮겨갔기 때문이다. 하지만 원료의 천연화나 고급화 때문에 종합조미료 쪽으로 기호도가 옮겨가는 현상과 레토르트식품 및 요리시간을 단축하기 위한 각종 인스턴트 국물이나 양념장 등의 수요가 증가하면서 오히려 MSG나 핵산의 간접적 섭취량은 소비자들이 알게 모르게 늘고 있는 상황이다.

(4) 조미재료의 종류

가) 짠맛을 내는 재료

소금 소금은 체액의 침투압을 조절하는 데 필수적인 물질이고, 식품조미에서는 맛의 기본이 된다.

► **소금의 성질** 소금은 짠맛으로 거의 모든 식품의 조미에 이용될 뿐만 아니라 방부·발효조절, 참투·탈수 등을 위해서도 이용된다.

표 4-12 소금의 성질과 용도

소금의 성질	용도
맛	모든 식품의 조미
방부·발효조절	절임, 장류, 수산가공, 면류, 치즈, 마요네즈, 축육가공품
침투·탈수	절임, 수산가공, 축육가공품

► **소금의 사용량** 소금의 섭취량은 식사내용과 어떤 일을 하느냐에 따라 다르다.

표 4-13 식품 중의 소금함량

품명	함량(%)	품명	함량(%)
식빵	0.7	마요네즈	1.2~2.0
국	0.8~1.2	햄 · 소시지	2.3~4.2
버터	1.0~1.5	된장	10~13
치즈	2.4~4.9	간장	18~20

나) 단맛을 내는 재료

설탕 단맛을 내는 대표적인 물질이다. 소화 · 흡수가 잘 되어서 피로회복에 좋은 식품인 동시에 단맛을 내는 조미료로 많이 이용된다.

설탕의 성질

- 용해도: 0°C 65%, 상온 67%, 90°C 80%
- 착색반응: 150°C 이상으로 가열 시 캐러멜색소로 변함
- 단맛: 상쾌한 단맛은 설탕농도 10% 내외(청량음료: 10~12%)
- 방부성: 진한 설탕액은 침투압이 높기 때문에 방부성 있음
- 조형성: 곡분 가공 시 설탕을 섞어 구우면 조형성이 좋아짐
- 젤리력: 과실 또는 과즙에 설탕을 가하면 젤리가 됨
- 산화방지: 진한 설탕용액에는 산소가 용해되기 쉬워 산화를 방지함
- 발효성: 설탕은 발효성이 있어 제빵 시 발효성을 보완함
- 전분의 노화방지: 알파화된 전분에 설탕을 혼합하면 노화속도 느림

설탕의 종류

일반적으로 설탕의 종류는 정백당, 중백당 및 삼온당으로 구분한다. 정백당은 흰색으로 당도 99% 이상이고, 중백당은 당도 96% 이상으로 무기물 함량이 높고 노란색을 띤다. 삼온당은 정백당을 뽑고 남은 하급 제품으로 무기물이 많고, 짙은 갈색이며, 당도는 96% 정도이다.

전분당 전분은 고분자 물질로, 가수분해되면 점차 작은 분자로 되어 마지막에는 포도당이 되는데, 그 가수분해의 정도에 따라서 여러 가지 당류의 혼합물을 얻게 된다.

전분을 원료로 하여 얻은 당류를 총칭하여 전분당이라 하며, 전분당은 가수분해 정도에 따라 감미도 외에 점도 · 결정성 · 흡습성 등이 다르다. 이 경우 가수분해의 정도를 나타내기 위해서 DE(Dextrose Equivalent)가 지표로 사용된다. DE가 높아질수록 단맛과 결정성은 높아지나, 점도

는 낮아지고, 흡습성도 적어진다.

- DE＝직접 환원당(포도당으로 표시) / 고형분 × 100

표 4-14 각종 전분당의 DE와 성질

종류	수분(%)	DE	단맛	점도	결정성	흡습성
분말물엿	5 이하	20~20	낮다	높다	낮다	크다
물엿	16	35~50				
액상포도당	25~30	55~56				
고형포도당	10~13	80~85	↓	↑	↓	↑
분말포도당	8~10	92~94				
정제포도당	10 이하	97~98				
결정포도당	8.5~10	100	높다	낮다	높다	적다

전분당의 종류

- 물엿: 물엿은 전분을 산으로 가수분해한 산당화엿과 맥아의 효소로 분해한 맥아엿이 있으며, 맥아엿은 향기가 좋다. 물엿은 색품의 단맛과 점도 및 광택을 좋게 하기 위해서 사용할 뿐만 아니라, 액체식품을 분말화할 때 부형제로서도 이용된다.
- 포도당: 포도당은 과실에 많이 들어 있는데, 특히 포도에는 최고 20%까지 들어 있다. 포도당은 식품의 단맛을 내고, 색상을 좋게 하며, 윤택을 내는 데 쓰일 뿐만 아니라, 여러 가지 원료가 배합된 식품의 부형제로도 많이 쓰인다.
- 과당: 과당은 포도당과 같이 과일 중에 존재하며, 특히 벌꿀에 많다. 과당은 포도당을 원료로 하여 공업적으로 생산되고 있으며, 단맛은 저온에서 설탕의 약 1.5배이다.

자일로즈(Xylose) 자일로즈의 단맛은 설탕의 40% 정도이다.

솔비톨(Sorbitol) 솔비톨은 단맛을 갖는 물질로, 배 · 복숭아 · 살구 · 포도 등 과실에 1~2% 들어 있다. 솔비톨은 포도당을 수소로 환원시켜 만든다. 솔비톨의 단맛은 설탕의 48% 정도로서 포도당과 비슷한 단맛이나 시원한 단맛을 갖고 있다.

스테비오시드(Stevioside) 국화과의 다년생 식물인 스테비아 잎의 단맛 성분이다. 스테비아는 남미의 파라과이가 원산지이고, 우리나라에서도 재배되고 있다. 스테비오시드는 스테비아의 건조잎에 5~7% 들어 있다. 스테비오시드는 설탕의 단맛보다 약 200배 더 달다.

감초 감초는 중국・러시아・이란・이라크 등의 초원에 자생 또는 재배되는 다년생식물이다. 이용부위는 뿌리이고, 단맛 성분은 글리씨리진(glycyrrhizin)이며, 단맛은 설탕의 300배이다.

아스파탐(Aspar Tame) 아미노산인 아스파르트산과 페닐알라닌을 합성한 아미노산계 인공감미료로, 단맛은 설탕의 200배이며, 설탕과 유사한 맛이 있다.

사카린 인공감미료로, 단맛은 설탕의 300배이나 뒷맛이 나쁘고 농도가 증가하면 쓴맛이 난다.

조리사를 위한 **실험조리 이론 및 실습**

제5장

기초 실험조리

Ⅰ. 계량
Ⅱ. 곡류
Ⅲ. 밀가루
Ⅳ. 채소
Ⅴ. 과일류
Ⅵ. 육류
Ⅶ. 어패류
Ⅷ. 달걀
Ⅸ. 유지류

I

계 량

01.

단위계

① MKS 단위계: 길이 m, 무게 kg, 시간 s(국가별 공인 사용단위)

② FPS 단위계: 길이 ft, 무게 Lb(pound, 파운드), 시간 s로 나타내고 미국·유럽에서 사용

02.

계량기구

계량기구	용도	용도
저울	무게계량	2kg 저울이 적당, 눈금 간격 5g이 적당
계량컵	부피계량	한 컵에 1/2, 1/3, 1/4의 눈금 표시
계량스푼	부피계량	1Ts, 1ts, 1/2ts, 1/4ts가 한 세트로 되어 있음
온도계	온도측정	액체의 온도측정
타이머	시간측정	조리시간 측정
비중계	비중측정	소금의 농도측정

① 저울(무게계량)

ⓐ 평지에 놓고 바늘 눈금이 0을 가리키고 있는지 확인한다.

ⓑ 저울의 접시 중앙에 식품을 올려놓는다.

ⓒ 저울면의 90°각도에서 눈금을 읽는다.

② 계량컵(부피계량)

ⓐ 한 컵(cup)에 1/2, 1/3, 1/4의 눈금이 표시된 것. 1C, 1/2C, 1/3C, 1/4C이 따로 구분된 것

ⓑ 액체 식품은 눈높이를 액체의 밑선과 동일하게 하여 눈금을 읽는다.

ⓒ 가루재료는 흔들거나 꾹꾹 눌러 담지 않는다.

ⓓ 계량컵이나 스푼에 물이나 기름을 묻히지 않는다.

③ 계량스푼(부피계량)

ⓐ 1Ts, 1ts, 1/2ts, 1/4ts이 한 세트로 되어 있다.

ⓑ 1Ts=3ts=15cc(ml)

ⓒ 1ts=5cc

큰술과 작은술

- 용도: 간장 · 고춧가루 등 양념 및 조미료 측정
- 계량스푼의 단위가 4스푼 이상이면 계량컵을 사용

④ 온도계(온도측정): 온도계 끝이 냄비바닥에 닿지 않도록 주의하고 벌브를 액체의 중간에 두고 측정

⑤ 타이머(시간측정): 조리시간 측정

⑥ 비중계(비중측정): 소금의 농도측정

03.
계량기구 사용법

1) 계량컵 사용법

① 물 · 우유 등 액체: 투명한 계량컵을 이용하여 액체의 밑선을 눈높이에 맞추어 읽는다.

② 밀가루: 누르거나 흔들지 말고 가득 담아 수평으로 깎아 계량한다.

③ 설탕 · 곡식: 컵을 흔들지 않고 가득 담아 깎아 계량한다.

④ 마가린 · 버터: 부드러운 상태로 만든 후 빈 공간이 없도록 담아 깎아 계량한다.
⑤ 다진 양파, 마늘, 파: 컵에 빈 공간이 없도록 눌러 담은 후 깎아 계량한다.

2) 계량스푼 사용법

밀가루의 경우 계량스푼으로 가득 떠서 좌우로 3~5cm 흔들어 스푼 위에 남아 있는 양을 사용한다.

알아두면 편리한 계량법

- 다량의 액체(물)는 계량컵으로 잰다. 1Cup＝200ml≒200g
- 적은 양의 양념과 조미료는 계량스푼으로 재는데, 큰술(15ml, 15g), 작은술(5ml, 5g) 등으로 계량하며 윗면을 편평하게 깎아 계량한다.
- 손이나 손가락으로 계량
  - 소금 조금, 약간 등은 자기 손가락 감각으로 익혀 둔다.
  - 소금 조금은 엄지손가락과 둘째손가락으로 쥐는 양, 약간은 엄지손가락과 둘째 · 셋째손가락 끝으로 쥐는 양이다.
- 손바닥, 손가락 길이: 새끼손가락 한 마디는 1cm, 둘째손가락 길이는 7cm, 손바닥 길이는 15~17cm로 사용한다.

04.
기타

① 밀가루 1컵: 120g
② 양배추 큰 잎 3~4장: 100g
③ 양파 중간크기 1개: 100g
④ 당근 1개: 100g
⑤ 채소 한 줌 가득: 100g
⑥ 오이 1개: 100g
⑦ 배추 큰 것 1잎: 100g
⑧ 감자 큰 것 1/2개: 100g
⑨ 소금 두 손가락으로 하나: 1/8큰술
⑩ 소금 세 손가락으로 하나: 1/4큰술
⑪ 소금 한 줌: 2큰술
⑫ 어른 밥숟가락 1술: 1큰술
⑬ 차스푼 1술: 1작은술
⑭ 다진 마늘 1큰술: 굵은 마늘 2~3쪽 다진 것

실험 1 식품의 목측과 실측

일자:

조원:

목적

일반적으로 사용되는 식품의 목측량과 실측량 간의 차이를 알아본다.

재료

- 사과 1개
- 감자 1개
- 시금치 1단
- 달걀 1개

기구

전자저울(최소 단위 0.1g 이하)

방법

① 각 재료들의 목측량을 각각 추정하여 기재한다.
② 목측량 측정 후 각 재료들은 전자저울을 이용하여 정확한 무게를 측정한다.
③ 각각 목측량과 실측량의 차이를 비교한다.

결과

식품	단위	목측량(g)	실측량(g)	목측량과 실측량의 차이
사과	1개			
감자	1개			
시금치	1단			
달걀	1개			

Question

1. 자신의 목측량과 실제 측정치 간의 차이를 알아본다.

2. 식품의 눈대중량을 조사해보고 44쪽의 '일반식품의 계량'을 참고하여 본인의 결과와 비교해 본다.

3. 목측량과 실제 측정치의 차이가 가장 많이 나는 식품재료는 무엇이고, 이유는 무엇이라고 생각하는가?

고찰 및 소감(참고문헌)

실험 2 계량의 정확성에 대한 실험

일자:

조원:

목적

계량을 정확하게 한다는 것은 조리를 하는데 무엇보다 중요하므로 계량기구의 정확한 계량방법을 익혀 질이 좋은 음식을 만드는데 기초가 되도록 한다.

원리

① 고체 식품은 담는 방법, 공기의 주입상태, 분자구조 등으로 차이기 생기기 쉽다.

예 마가린 · 버터가 고체일 때와 액체일 때 같은 계량의 양이라도 액체일 때 무게가 더 무겁다.

② 계량하고자 하는 재료의 양을 여러 번 나누어 계량하는 것보다 계량하는 양과 가장 근사한 계량 기구를 사용하면 더욱 정확하며 오차가 적다.

재료

- 밀가루(중력분) 1컵 × 4
- 황설탕 1컵 × 2
- 꽃소금 1Tbs × 4
- 백설탕 1컵 × 2
- 고추장 1컵 × 2
- 물 1Tbs × 2

기구

Spatula, 저울, 스푼, 체, 1C계량컵, 종이타월, 계량스푼, 메스실린더

방법

밀가루의 계량

① 재료 및 기구: 중력분, 1C계량컵, Spatula, 저울, 스푼, 체

② 방법: 다음과 같은 방법으로 밀가루를 1C계량컵에 스푼으로 떠서 수북이 담은 후 Spatula로 수평이 되게 깎은 후 무게를 잰다. 결과를 표에 기록하며 2회 반복하여 평균을 잰다.

ⓐ 빈 컵 무게를 먼저 재어 컵의 무게를 빼거나 또는 전자저울에서 Zero Point를 맞추어 사용하되, 체로 치지 않은 밀가루를 수북이 되도록 하고 위와 같은 방법으로 한다.

ⓑ 계량컵 안에 밀가루를 직접 체로 쳐서 수북이 되도록 하고 위와 같은 방법으로 한다.

ⓒ 밀가루를 종이 또는 쟁반 위에 체로 쳐서 스푼으로 떠 컵 안에 가볍게 담고 위와 같은 방법으로 한다.

ⓓ 밀가루를 스푼으로 저은 후 위와 같은 방법으로 한다. 이때 젓는 횟수를 기록한다.

설탕의 계량

① 재료 및 기구: 백설탕, 황설탕, 1C계량컵, Spatula, 저울, 스푼

② 방법: 다음의 재료를 1C계량컵에 아래의 방법대로 계량하여 무게를 잰 후 표에 기록하여 2회 반복하여 평균치를 낸다.

ⓐ 백설탕: 덩어리진 설탕은 먼저 덩어리를 없앤 후 계량컵에 스푼으로 수북이 담고 Spatula로 수평이 되게 깎는다.

ⓑ 황설탕

㉠ 계량컵에 스푼으로 황설탕을 가볍게 담아 수평이 되게 깎는다.

㉡ 컵에 설탕을 담은 후 스푼으로 눌러 주고 컵이 채워질 때까지 설탕을 채운다. 수평이 되게 깎는다.

고추장, 된장의 계량

① 재료 및 기구: 고추장, 된장, 1C계량컵, 스푼, 종이타월

② 방법: 아래의 방법으로 2회 반복하여 무게를 잰 후 각각 평균치를 잰다.

ⓐ 계량컵에 고추장 또는 된장을 스푼으로 꼭꼭 눌러 담아 무게를 잰다. 깨끗이 긁어 낸 후 종이타월로 닦고 2회 반복하여 잰다. 표에 결과를 기록하고 평균을 잰다.

ⓑ 계량컵에 고추장 또는 된장을 스푼으로 가볍게 담고 무게를 잰다. 2회 반복한 후 평균을 낸다.

소금의 계량

① 재료 및 기구: 꽃소금, 계량스푼(1Tbsp)

② 방법: 아래의 방법으로 2회 반복하여 무게를 잰 후 각각 평균치를 낸다.

ⓐ 소금을 1Tbsp 계량스푼에 가볍게 담은 후 수평이 되게 깎는다.

ⓑ 소금을 1Tbsp 계량스푼에 눌러서 남은 후 수평이 되게 깎는다.

액체의 계량

① 재료 및 기구: 물, 계량스푼(1Tbsp), 메스실린더

② 방법: 물을 1Tbsp 계량스푼에 담은 후 눈금이 있는 실린더에 넣어 Meniscus를 읽어 ml를 기록한다. 2회 반복하여 평균을 낸다.

결과

구분	처리방법	빈 컵(g)	중량(g)		
			1회	2회	3회
밀가루	• 체로 치지 않은 것				
	• 컵 안에 체친 것				
	• 종이 위에 체친 것				
	• 스푼으로 저은 것	13회			
		30회			
설탕	• 백설탕				
	• 가볍게 담은 황설탕				
	• 눌러 담은 황설탕				
고추장	• 눌러 담은 고추장				
	• 가볍게 담은 고추장				
된장	• 눌러 담은 된장				
	• 가볍게 담은 된장				
소금	• 가볍게 담은 소금 1Tbsp				
	• 눌러 담은 소금 1Tbsp				
물	• 물 1Tbsp				
	• 물 10Tbsp				

Question

1. 밀가루를 계량할 때 어떤 방법이 가장 정확한가?

2. 어떤 방법이 밀가루 계량 시 가장 정확하지 않은 방법인가?

3. 밀가루 계량 시 시간이 없을 때 어떤 방법을 택하겠는가?

4. 밀가루 계량하기 전에 체에 치는 것이 필요한가? 필요하다면 그 이유는 무엇인가?

5. 설탕의 정확한 계량방법은 무엇인가?

6. 황설탕을 컵에 담아 누르는 이유는 무엇인가?

7. 10Tbsp의 액체를 계량하는 가장 정확한 방법은 무엇인가?

8. 계량스푼에 액체를 계량하면 오차가 생기는 이유가 무엇일까?

9. 된장과 고추장을 측정하는 가장 정확한 방법은 무엇인가?

고찰 및 소감(참고문헌)

실험 3 식품의 폐기율 측정

일자:

조원:

목적

각종 식품의 폐기율을 알아보아 식품의 처리방법에 따른 차이점을 알도록 한다.

재료

- 사과 1개 × 3
- 감자 1개 × 3
- 시금치 1단
- 달걀 1개 × 3

기구 및 기기

일반 조리용구, 저울

실험방법

시금치를 제외한 각각의 식품을 3회 반복하여 무게를 측정한 후 평균을 낸다.

① 사과는 전체무게를 잰 후 껍질을 벗겨 폐기부분의 무게를 잰다.

② 감자는 통째 씻어서 물기를 닦고 전체무게를 잰 후 껍질을 벗겨 폐기부분의 무게를 잰다.

③ 시금치는 전체무게를 잰 후 뿌리부분을 다듬어 폐기부분의 무게를 잰다.

④ 달걀은 전체무게를 잰 후 깨뜨려 껍질의 무게를 잰다.

결과

시료	전체무게(g)	폐기량(g)	폐기율(%)[1]	폐기율 평균(%)
사과				
감자				
시금치				
달걀				

주: 1) 폐기율(%)=(폐기량 / 전체무게) × 100

Question

1. 식품의 폐기율을 산출하는 이유와 산출하는 방법은?

2. 양파 4kg의 값은 1,500원이다. 가식부율이 78%인 양파의 가식부 400g의 값은?
   가. 185　　나. 195　　다. 192　　라. 215

3. 배추김치를 담그려고 하는데 배추 5kg이 필요하다. 배추 1kg의 값은 600원이고, 가식부율은 92%이다. 필요한 비용은?
   가. 2,350　　나. 2,280　　다. 2,500　　라. 3,240

고찰 및 소감(참고문헌)

실험 4 온도계 사용방법

일자:

조원:

목적

온도계의 사용방법에 따른 온도차이를 보아 온도계의 올바른 사용법을 알아본다.

재료

물

기구 및 기기

냄비, 타이머, 수은온도계

실험방법

냄비의 1/2 정도까지 물을 붓고 끓이며 다음과 같이 실험한다. 온도계를 읽을 때에는 눈높이에서 읽도록 한다.

① 온도계의 벌브를 물의 가운데 오도록 하여 100℃가 되는 시간을 측정한다.

② 온도계의 벌브를 냄비 밑에 닿게 하여 100℃가 되는 시간을 측정한다.

평가

실험결과를 표에 기록하고 고찰한다.

결과

조건	시간(분)
온도계의 벌브가 가운데 오도록 한 것	
온도계의 벌브가 냄비 밑에 닿게 한 것	

Question

1. 섭씨(℃)온도계와 화씨(℉)온도계의 차이점을 설명하라.

2. 섭씨(℃)와 화씨(℉) 온도의 관계식을 쓰시오.

3. 온도를 읽을 때 가장 알맞은 방법은?

4. 온도계를 사용하여 액체의 온도를 측정하는 방법으로 가장 알맞은 방법은?

고찰 및 소감(참고문헌)

실험 5 일반적으로 사용되는 온도의 상태

일자:

조원:

목적

일반적으로 사용되는 물의 온도를 측정하여 표현방법을 익히고 온도계가 없이도 가늠할 수 있는 능력을 기른다.

재료

물

기구 및 기기

냄비, 수은온도계

실험방법

냄비에 물을 담아 20℃, 30℃, 60℃가 될 때 손가락을 넣어 느낌을 기록하고(예 미지근하다, 따뜻하다, 뜨겁다 등), 80℃와 100℃가 되었을 때에는 물의 상태를 관찰하여 기록한다.

평가

실험결과를 표에 기록하고 고찰한다.

결과

온도(°C)	상태
20	
30	
60	
80	
100	

Question

1. 온도에 따른 물의 변화를 설명하시오.

2. 온도에 따라 물의 변화가 일어나는 이유에 대하여 설명하시오.

고찰 및 소감(참고문헌)

실험 6

용질의 종류와 용액의 농도가 끓는점에 미치는 영향

일자:

조원:

목적

용질의 종류와 용액의 농도에 따른 끓는점의 변화를 알고자 한다.

재료

- 소금 5.8g × 4
- 설탕 34.2g × 4

기구 및 기기

냄비, 비커, 메스실린더, 온도계

실험방법

소금용액

① 100ml의 물을 메스실린더에 재어 비커에 붓고 위치를 표시하여 가열한 후 물이 끓기 시작하면 온도를 기록한다.

② 여기에 소금 5.8g(1g 분자량의 1/10, 0.1mol)을 넣고 끓기 시작하면 온도를 재어 기록한다.

③ 다시 소금을 5.8g씩 넣어 온도를 측정한다. 온도의 변화가 없을 때까지 계속한다.

※ 주의: 물이 증발하는 것을 방지하기 위하여 비커의 뚜껑을 덮고 가열하며 오래 끓이지 않는다. 물의 양이 줄었을 때에는 표시한 위치까지 물을 보충하여 100ml를 유지하도록 한다.

설탕용액

소금용액과 같은 방법으로 하되, 한 번에 넣는 설탕의 양을 34.2g(1g 분자량의 1/10, 0.1mol)으로 한다. 화력이 강하면 갈변을 일으킬 수 있으므로 화력을 약하게 하여 끓인다.

평가

각각의 실험결과를 기록하고 고찰한다.

결과

종류	첨가량(g)	끓는점(°C)
물(100ml)	–	
소금	5.8(1회)	
	5.8(2회)	
	5.8(3회)	
	5.8(4회)	
설탕	34.2(1회)	
	34.2(2회)	
	34.2(3회)	
	34.2(4회)	

Question

1. 용질의 종류와 용액농도에 따라 끓는점의 변화를 실험하였을 때 소금물은 물의 어는점과 끓는점이 차이가 있음을 알 수 있었다. 여기에서 끓는점 오름현상과 어는점 내림현상을 설명하라.

고찰 및 소감(참고문헌)

Ⅱ
곡 류

01.
탄수화물

탄수화물은 식물세포의 엽록소에서 태양에너지의 도움으로 광합성에 의하여 포도당을 합성하며, 그대로 또는 이당류인 설탕이나 엿당으로 일부 저장하고, 대부분은 다당류인 전분(녹말)의 형태로 뿌리(감자 · 고구마)나 씨앗(벼 · 밀 · 옥수수)에 저장한다.

설탕 · 포도당 · 과당 등은 감미료로 사용된다.

1) 탄수화물 식품

① 곡류: 쌀, 맥류(보리 · 밀 · 호밀 · 귀리), 잡곡(옥수수 · 수수 · 조 · 기장 · 메밀 · 피) 등

② 서류: 고구마, 감자, 토란 등

2) 탄수화물의 분류

결합하고 있는 당의 수에 따라 다음과 같이 단당류, 소당류 혹은 올리고당류, 다당류로 분류한다(탄수화물=당질〈糖質〉=당류〈糖類〉).

① 단당류: 포도당(glucose), 과당(fructose), 갈락토즈(galactose), 만노즈(mannose) 등 4개

② 이당류

ⓐ 엿당(maltose)=포도당+포도당

ⓑ 설탕(sucrose)=포도당+과당

ⓒ 유당(lactose)=포도당+갈락토즈

③ 다당류

ⓐ 단순다당류: 전분(starch), 셀룰로즈(cellulose), 글리코겐(glycogen), 이눌린(inulin), 키틴(chitin) 등

ⓑ 복합다당류: 펙틴(pectin), 헤미셀룰로즈(hemicellulose), 알긴산(alginic acid), 만난(mannan), 잔탄검(xanthan gum) 등

02.

전분(Starch)

1) 전분의 구조

전분은 포도당(glucose)의 중합체로 아밀로즈와 아밀로펙틴 2종류가 있다.

표 5-1 식품의 아밀로즈와 아밀로펙틴의 함량

식품의 종류	Amylose의 함량(%)	Amylopectin의 함량(%)
쌀(rice)	20	80
찹쌀(waxy rice)	0	100
밀(wheat)	25	75
고구마(sweet potato)	20	80
감자(white potato)	23	77
옥수수(corn)	26	74
찰옥수수(waxy corn)	0	100
보리(barley)	27	73

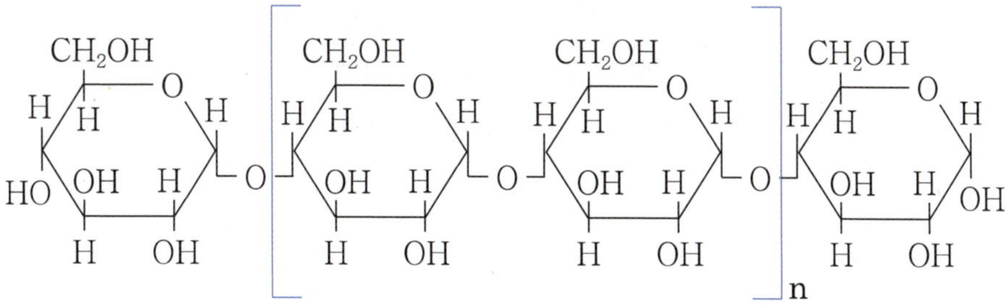

그림 5-1 Amylose의 구조

(1) 아밀로즈

포도당이 α-1,4 결합으로 직쇄상 구조이나 전체적으로는 Glucose 6분자가 모여 하나의 나선을 형성하면서 길게 연결된 나선형 구조를 하고 있다.

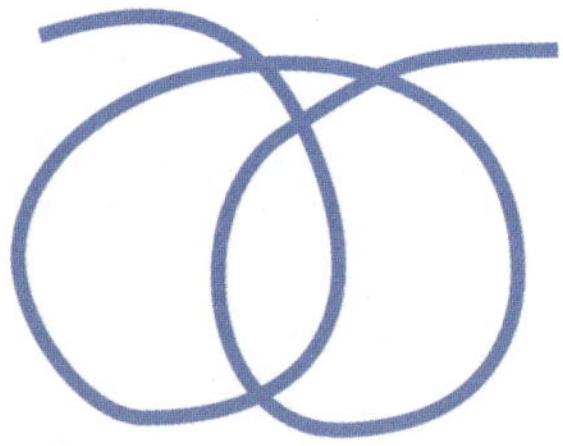

그림 5-2 **전분의 나선형 구조**

(2) 아밀로펙틴

① 포도당이 α-1,4 결합에 부분적으로 α-1,6 결합의 측쇄를 포함한다.

② 찹쌀·찰옥수수에 함유된 전분은 거의 아밀로펙틴으로 되어 있다.

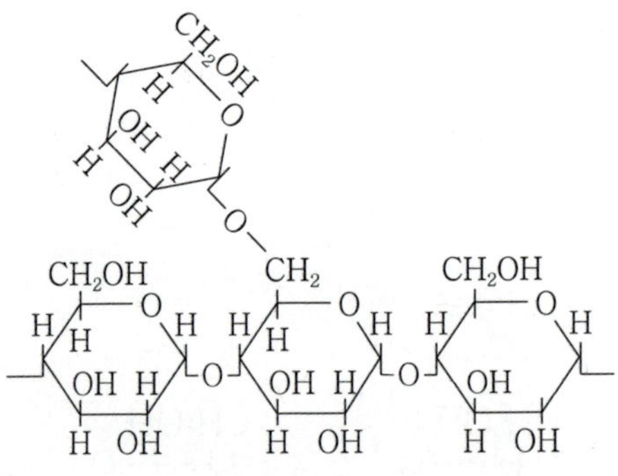

그림 5-3 **Amylopectin의 구조**

2) 전분의 호화

(1) 호화(糊化, Gelatinization, α화)

① 전분은 아밀로스와 아밀로펙틴의 분자들이 수소결합에 의해 규칙적으로 배열된 미셀(micelle)부분과 불규칙적인 부분이 공존한다.

② 전분에 물을 넣고 열을 가하면 미셀구조 사이에 물분자가 침투되고 더욱 많은 물분자가 흡수되어 팽윤되면서 전분입자가 붕괴되고 미셀구조가 파괴되어 콜로이드용액 형태로 된다. 이와 같은 현상을 전분의 호화(젤라틴화, gelatinization)라 한다.

③ 전분이 호화되는 것을 α-화라고 부르며, 호화된 것을 "호액" 또는 "풀"이라고 부른다.

④ 호화전분을 α-전분이라 하고, 호화되기 전의 전분을 β-전분이라 한다.

⑤ 호화의 최저온도는 60℃ 전후이고, 온도가 높아지면 호화는 빨라진다.

호화의 영향인자

- 전분의 종류: 곡류전분의 호화온도가 서류전분(감자 · 고구마)의 호화온도보다 높다.
- 수분함량: 수분이 많을수록 호화가 용이하다.
- pH: 알칼리 영역에서 팽윤과 호화가 촉진된다.
- 염류함량: 염류는 수소결합에 영향을 주어 호화를 촉진한다.
- 당류: 당류함량이 20～50% 이상에서 호화가 억제된다. 억제 정도는 설탕 > 포도당 > 과당

(2) 전분의 노화(老化, Retrogradation, β화)

α로 변환된 전분도 수분이 있는 채로 식히면 다시 가까이 있는 전분분자들이 서로 결합해서 본래의 micelle구조를 갖는 β-전분으로 돌아간다. 이것을 전분의 노화라 한다.

노화의 영향인자

- 온도
  - 노화의 최적온도 0～5°C, 전분분자 간의 수소결합이 안정되어 노화가 잘 일어난다.
  - 60°C 이상에서는 전분분자 간의 수소결합이 어려워 노화가 일어나지 않으며, -20～-30°C에서 전분분자가 물분자 사이에 고정되어 노화가 일어나지 않는다.
- 수분함량
  - 수분 30～60%에서는 노화가 쉽게 일어난다.
  - 수분 10% 이하나 수분이 많은 경우 전분분자끼리 만나기 어려워 노화가 잘 일어나지 않는다.
- pH: 알칼리는 전분의 수화를 쉽게 하여 호화 촉진, 묽은 산용액은 노화 촉진
- 전분의 구조
  - 아밀로즈는 직쇄구조로 노화가 쉽고, 아밀로펙틴은 분지가 있어 입체장애로 노화가 어렵다.

- 즉 찹쌀떡이 맵쌀떡보다 더디게 굳는다.
- 염: 유기 · 무기염은 노화를 방지한다.

노화억제방법

- 수분제거: α전분을 80°C 이상의 고온에서 급히 수분을 제거하거나, 0°C 이하로 냉각 후 탈수하여 수분을 15% 이하로 만든다(예 라면 · 비스킷 · 건빵 · 쿠키 · 크래커 등).
- 설탕첨가: 설탕이 탈수제로 작용하여 수분을 제거한 것과 같은 효과가 있다(예 양갱).
- 냉동: −20∼−30°C에서 건조시키면 α전분은 노화가 일어나지 않는다(예 냉동 떡, 냉동건조미 등).

03.

곡류의 조리

1) 곡류의 식품학적 가치

- 열량영양소인 당질을 많이 함유
- 단백질의 함량이 높은 편
- 대량생산이 가능
- 수송 중 부패 · 변질이 적음
- 1차 가공만으로도 식량으로 사용할 수 있음

① 곡류에는 당질 약 60∼70%, 단백질 10% 내외, 지방질은 약 2∼3%로 적으나 불포화지방산의 함량이 높아 저장 중에 쉽게 변패된다.

② 무기질은 인의 함량이 높아 산성 식품이며, 칼슘이나 철분은 부족하다.

③ 곡류 중 세계적으로 많이 재배되고 있는 3대 곡류는 밀 · 쌀 · 옥수수이다.

2) 쌀의 조리

(1) 벼의 구조

벼의 왕겨만 제거한 것은 현미이고, 도정율에 따라 5분도・7분도・백미 등으로 부른다. 도정이 진행될수록 소화・흡수율은 높아지지만 영양소의 손실은 크다.

① 현미

ⓐ 탈곡한 미립(벼)에서 왕겨층을 제거한 것

ⓑ 배유(92%), 겨층(5%), 배아(3%)로 구성되며 도정율은 100%이다.

ⓒ 현미의 내부는 발아에 필요한 영양분을 저장하는 배유가 있고, 발아하여 벼로 성장하고 영양분이 가장 많은 배아(胚芽)가 있다.

② 5분도미: 현미에서 겨층과 배아의 반(4%)을 제거한 것으로 도정율은 96%이다.

③ 백미(정백미・일반미): 현미에서 겨층과 배아 모두(8%)를 제거하고 배유만 있다. 즉 도정률은 92%이다.

(2) 쌀의 영양소

당질 당질이 70~80%를 차지하고, 당질 중 전분 약 75%와 덱스트린(dextrin) 및 섬유질로 구성되어 있다.

단백질

① 단백질은 백미의 경우 약 7~8% 함유, 단백질은 오리제닌(oryzenin)이다.

② 아미노산은 리신・히스티딘・스레오닌・메치오닌 같은 필수아미노산이 부족한 불완전단백질이다.

③ 잡곡과 혼식을 권장하여 필수아미노산을 보충할 필요가 있다.

지질

① 지질은 백미에 1% 미만, 배아에 약 15~25% 정도 함유되어 있다.

② 지방산은 올레산(oleic acid)과 리놀레산(linoleic acid)이 다량 함유되어 있어 우수한 편이며, 배유부분에 라이소레시틴(lysolecithin)이 함유되어 묵은 쌀 냄새를 내기도 한다.

무기질

① 무기질은 겨층이나 배아에 많이 있어 도정율이 높아지면 함량이 감소한다.

② 특히 P과 K이 많으며, Ca과 Fe은 거의 함유되어 있지 않다.

비타민

① 비타민 A · C · D는 거의 함유되어 있지 않으나, 비타민 B_1이 많이 함유되어 있다. 그러나 백미의 배유에는 적게 함유되어 있다.

② 수용성이므로 쌀밥에는 거의 존재하지 않는다.

(3) 쌀조리(밥짓기)

쌀 씻기

① 너무 심하게 문질러 씻거나 첫 번째 씻을 때 새 물로 빨리 갈아주지 않으면 영양분 손실이 크다.

② 쌀을 씻는 동안 물을 빨리 제거하지 않으면 쌀겨냄새가 쌀 속에 배어들 우려가 있다.

쌀 담그기

① 쌀을 4~5회 가볍게 저어 씻은 후 물이 쌀 전분에 골고루 스며들게 30분 이상 담근다.

② 쌀을 너무 오랜 시간 담그면 쌀겨냄새가 섞이고, 영양분도 빠져 나와 밥맛이 떨어지고, 밥알 모양이 좋지 않아 밥맛이 없어 보인다.

③ 맵쌀은 여름철(26°C)에는 30분, 겨울철(6°C)에는 90분에 포화점에 이른다.

④ 물에 충분히 불리면 내부가 골고루 호화되어 찰기와 탄력이 있는 부드러운 밥이 된다.

끓이기

① 가열 중에 Dextrin, 유리당, 유리 아미노산이 침출된다.

② 전분호화가 일어나는 시기로 온도 상승기, 끓이기(비등기), 증자기의 3단계로 구분할 수 있다.

뜸들이기

① 불을 끈 상태에서 그대로 두면 쌀 내부에 호화가 계속 진행된다. 10분 정도 뜸을 들인다.

② 뜸들인 후 그대로 두면 온도가 내려가 남아 있던 수분이 물방울이 되어 밥이 질척해진다.

③ 밥을 아래・위로 뒤집고 잘 섞어 밥알끼리 공간을 두어야 밥이 덩어리져 굳어지지 않는다.

(4) 찹쌀밥

찹쌀의 특징

① 맵쌀과 영양성분은 큰 차이가 없으나 전분의 화학구조의 차이 때문에 성질의 차이가 크다.

② 찹쌀전분은 Amylopectin만으로 이루어져 팽창이 용이하고 점성이 강해 조리 후 중량은 찹쌀의 1.6~1.9배, 용적의 0.9배가 된다.

③ 찹쌀밥을 할 때는 일반밥을 할 때보다 적은 양의 물을 사용하기 때문에 찹쌀이 수면에 잠기지 않아 호화가 안 된다. 따라서 찹쌀은 끓이는 것보다 찌는 것이 효과적이다.

찹쌀조리

① 찹쌀은 수증기로 쪄서 밥을 한다.

② 찹쌀밥을 할 경우 50분 정도 충분히 수침한 후 가열한다.

③ 수침한 수분과 수증기만으로는 수분이 부족하므로 찌는 도중에 1~2번 물을 뿌려 준다.

④ 찌는 시간은 30~40분이 적합하다.

(5) 현미밥

현미의 특징

① 쌀을 물에 담가두면 백미는 부패하는데 반해 현미는 발아한다.

② 현미는 백미보다 저장성이 우수하나 배아의 지방이 리파아제(lipase) 작용으로 산패가 쉽고 맛이 떨어진다.

③ 백미에 비하여 비타민 B_1 등 영양분의 손실은 적으나 소화율이 낮다.

④ 현미는 당뇨예방, 콜레스테롤 저하, 암발병 억제 등에 관한 다양한 연구결과가 있어 오늘날 웰빙 바람과 함께 소비가 점점 늘어가고 있다.

조리법

① 현미는 왕겨만 벗긴 상태이므로 섬유소가 많고 조직이 단단하여 수분흡수속도가 느리고 전분의 완전한 호화가 어렵다.

② 따라서 현미는 압력밥솥을 이용하여 밥을 짓는다.

③ 압력밥솥에 현미와 같은 분량의 물을 붓고 여름에는 2~3시간, 겨울에는 4~5시간 이상 수침한다.

④ 불은 보통 세기로 하여 10분 정도 가열하면 압력솥의 추에서 소리가 나며, 이 상태에서 2~3분 더 가열한다.

⑤ 5분이 지나면 불의 세기를 약하게 하고, 10분 정도 더 가열 후 불을 끈다.

⑥ 5분 정도 뜸을 들인 후 밥솥을 연다.

3) 보리의 조리

① 맥류는 일반적으로 보리 · 밀 · 호밀 · 귀리 · 라이밀의 총칭을 말한다.

② 껍질이 있고 없음에 따라 겉보리 · 쌀보리로 나누고, 줄 수가 몇 줄인가에 따라 2조 · 6조 보리로 나누기도 한다.

③ 보리는 건강식품으로 그 이용이 확대되어 가는 추세이다. 또한 보리음료 · 엿기름 · 맥주 등으로 가공되어 이용된다.

(1) 보리의 종류

① 보리는 겉보리와 쌀보리가 있다.

② 겉보리는 왕겨층과 과피 사이가 밀착되어 쉽게 떨어지지 않고 고랑에 섬유질이 많아 정미에 비하여 도정하기 어려우나, 쌀보리는 접착물질이 없어 속알갱이만 수확된다.

(2) 보리의 영양소

탄수화물

① 당질은 약 70~73%로 쌀보다 함량이 낮고, 그중 60%가 전분이다.

② 보리에는 식이섬유소가 풍부하다. 식이섬유소가 쌀의 7.2배, 밀의 2.3배 함유되어 있어 장운동과 소화를 도와 변비예방에 좋다.

③ β-glucan의 함량이 높다. 세포벽을 이루는 물질로 생리대사에 중요한 역할을 하는 식이섬유소의 일종이다. 곡류 중 보리에 가장 많아 쌀의 50배, 밀의 7배 이상을 함유하고 있다.

④ 특히 β-glucan은 콜레스테롤 수치를 낮추어 심장질환을 예방하며, 지방의 축적을 억제하여 비만을 방지할 수 있는 것으로 보고되었다.

단백질

① 단백질은 호르데인(hordein)과 글루텔린(glutelin)이다.

② 필수아미노산 중 리신·스레오닌·타이로신 함량이 적어 우수하지는 않다.

③ 보리에는 글루텐(gluten)이 없어 보리가루만으로는 빵이나 면류를 제조할 수 없다.

비타민과 무기질

① 보리는 비타민과 무기질이 풍부하여 쌀에 부족하기 쉬운 영양분을 보충할 수 있다.

② 비타민은 배유에 있어 도정으로 손실이 적다. 비타민 B_1·B_2는 도정 후에도 남아 있다.

(3) 식품으로 보리의 특징

① 밥을 지을 때 불리거나 미리 삶아야 한다. 보리가 쌀에 비하여 수분을 많이 필요로 하기 때문이며, 밥을 지을 때 많은 시간이 필요하다.

② 쌀보다 낟알이 굵어 씹는데 부담이 된다.

③ 색깔이 검어 미관상 좋지 않다.

④ 페놀성 물질에 의한 쉰 맛 또는 아린 맛이 있다.

⑤ 소화율이 떨어진다.

ⓐ 소화에 불리한 섬유소, 식이섬유, β-glucan 등과 같은 고분자 탄수화물이 많다.

ⓑ 쌀·밀 등과 비교하여 각종 무기질, 페놀성 물질 등이 다량 함유되어 있기 때문이다.

ⓒ 이런 단점을 보완하기 위해 할맥·압맥 등을 생산하며, 정맥에 비해 수분 흡수속도가 현저히 빨라 취반성이 우수하며 씹는데 부담도 적다.

㉠ 할맥(割麥: 절단보리): 보리를 1차 도정한 후 둘로 쪼개어 다듬고 수증기에 쪄서 건조한 뒤 2차 도정한 것으로, 바로 쌀과 함께 넣어 밥을 할 수 있고, 먹기에 껄끄럽지 않고 부드럽다.

㉡ 엿기름(맥아, malt)

- 엿기름은 식혜·물엿·장류 제조에 사용한다.
- 물엿·포도당·식혜·맥주·고추장·약주 제조에 사용한다.

㉢ 압맥(壓麥: 납작보리): 보리를 정백(精白)하여 적당한 수분과 열을 가하여 납작하게 누른 것

실험 1 건조식품의 흡수율 측정

일자:

조원:

목적

건조식품을 물에 담갔을 때의 침수시간 경과에 따른 흡수율과 흡수 후 중량비를 측정하여 건조식품을 조리할 때 적당한 양을 예측할 수 있도록 하며, 적당한 침수시간을 알 수 있도록 한다.

재료

- 말린 콩 50g
- 마른 미역 5g × 4
- 쌀 100g
- 마른 표고 3장

기구 및 기기

온도계, 저울

실험방법

각각의 시료의 무게를 측정한 후 4개의 그릇에 넣고 충분한 양의 물에 담근다. 이때 물의 온도를 잰다. 10분, 20분, 30분, 40분 후의 중량비와 흡수율을 계산한다.

① 콩은 50g의 무게를 측정한 후 그릇에 넣고 위와 같은 방법으로 실험한다.

② 쌀은 100g의 무게를 측정한 후 위와 같은 방법으로 실험한다.

③ 마른 미역은 각각 5g씩 무게를 재어 위와 같은 방법으로 실험하되, 각각의 침수시간 후 그릇에서 꺼내어 일정 시간 물을 뺀 후 무게를 측정한다.

④ 마른 표고는 3장의 무게를 잰 후 그릇에 넣고 위와 같은 방법으로 실험한다.

평가

각 시료의 실험결과를 표에 기록하여 고찰한다.

결과

시료	흡수 전 무게(g)	흡수 후 무게변화	수침시간(분)			
			10	20	30	40
콩		흡수 후 무게(g)				
		흡수율(%)[1]				
		흡수 후 중량비[2]				
쌀		흡수 후 무게(g)				
		흡수율(%)				
		흡수 후 중량비				
마른 미역		흡수 후 무게(g)				
		흡수율(%)				
		흡수 후 중량비				
마른 표고		흡수 후 무게(g)				
		흡수율(%)				
		흡수 후 중량비				

주: 1) $\text{흡수율(\%)} = \frac{(\text{흡수 후 무게} - \text{흡수 전 무게})}{\text{흡수 전 무게}} \times 100$

2) $\text{흡수 후 중량비} = \frac{\text{흡수 후 무게}}{\text{흡수 전 무게}} \times 100$

Question

1. 수침(水浸)의 정의와 목적, 흡수속도에 대하여 설명하시오.

2. 콩은 쌀에 비해 왜 흡수율이 낮을까?

3. 미역의 흡수율이 다른 식품에 비해 높은 이유는 무엇일까?

4. 수온이 높아질수록 흡수율은 어떻게 달라질까?

5. 다음 식품의 분류 중 곡류에 속하지 않는 것은?

① 보리 ② 조 ③ 완두 ④ 수수

6. 곡류에 관한 설명으로 옳은 것은?

① 강력분은 글루텐의 함량이 13% 이상으로 케이크 제조에 알맞다.

② 박력분은 글루텐의 함량이 10% 이하로 과자·비스킷 제조에 알맞다.

③ 보리의 고유한 단백질은 오리제닌(oryzenin)이다.

④ 압맥·할맥은 소화율을 저하시킨다.

7. 고구마 등의 전분으로 만든 얇고 부드러운 전분피로 냉채 등에 이용되는 것은?

① 양장피 ② 해파리 ③ 한천 ④ 무

8. 곡물의 저장과정에서 변화에 대한 설명으로 옳은 것은?

① 곡류는 저장 시 호흡작용을 하지 않는다.

② 곡물저장 때 벌레에 의한 피해는 거의 없다.

③ 쌀의 변질에 가장 관계가 깊은 것은 곰팡이이다.

④ 수분과 온도는 저장에 큰 영향을 주지 못한다.

9. 먹다 남은 찹쌀떡을 보관하려고 할 때 노화가 가장 빨리 일어나는 보관방법은?

① 상온 보관 ② 온장고 보관 ③ 냉동고 보관 ④ 냉장고 보관

고찰 및 소감(참고문헌)

실험 2 건조식품의 조리 후 흡수율 · 증가량 · 증가비

일자:

조원:

목적

국수를 삶았을 때와 밥을 지었을 때의 증가량과 증가비를 알아본다.

재료

- 마른 국수 100g
- 쌀 100g

기구 및 기기

일반 조리용구, 저울

실험방법

A. 국수

① 큰 냄비에 물을 넉넉히 부어 펄펄 끓을 때 국수를 흩트려 넣어 삶는다. 넣었을 때부터 건질 때까지의 시간을 잰다.

② 국수를 손가락으로 문질러 보아 속까지 투명하면 다 익은 것이니 이때 찬 물에 쏟아 부어 씻어 소쿠리에 담아 물기를 뺀다. 물기 빼는 시간을 잰다.

③ 저울에 달아 무게를 잰다. 흡수 후의 흡수율과 중량비를 계산한다.

B. 쌀

① 쌀을 세 번 씻어 실온의 물에 40분 담가둔('실험 1'의 쌀 활용) 후 소쿠리에 담아 일정 시간 물을 뺀 다음 무게를 잰다. 냄비에 담는다.

② 물 150g(쌀무게의 1.5배)을 붓고 밥을 짓는다. 밥물을 넘기지 않도록 불조절을 하여 밥을 지은 후 무게를 달아본다. 흡수 후의 흡수율과 중량비를 계산한다.

평가

각 시료의 실험결과를 표에 기록하고 고찰한다.

결과

시료	조리 전 무게(g)	조리시간(분)	조리 후의 무게변화	
A. 국수			조리 후 무게(g)	
			조리 후 중량비[1)]	
B. 쌀			조리 후 무게(g)	
			조리 후 중량비	

주: 1) $\text{조리 후 중량비} = \frac{\text{조리 후 무게}}{\text{조리 전 무게}} \times 100$

Question

1. 국수를 삶는 방법으로 부적합한 것은?
   ① 끓는 물에 넣는 국수의 양이 지나치게 많아서는 안 된다.
   ② 국수 무게의 6~7배 정도의 물에서 삶는다.
   ③ 국수를 넣은 후 물이 다시 끓기 시작하면 찬 물을 넣는다.
   ④ 국수가 다 익으면 많은 양의 냉수에서 천천히 식힌다.

2. 쌀의 조리에 관한 설명으로 옳은 것은?
   ① 쌀을 너무 문질러 씻으면 지용성 비타민의 손실이 크다.
   ② pH 3~4의 산성물을 사용해야 밥맛이 좋아진다.

③ 수세한 쌀은 3시간 이상 물에 담가놓아야 흡수량이 적당하다.

④ 묵은 쌀로 밥을 할 때는 햅쌀보다 밥물량을 더 많이 한다.

3. 미숫가루를 만들 때 건열로 가열하면 전분이 열분해되어 덱스트린이 만들어진다. 이 열분해과정을 무엇이라고 하는가?

① 호화 ② 노화 ③ 호정화 ④ 전화

4. 찹쌀에 있어 아밀로오스와 아밀로펙틴에 대한 설명 중 옳은 것은?

① 아밀로오스 함량이 더 많다.

② 아밀로오스 함량과 아밀로펙틴의 함량이 거의 같다.

③ 아밀로펙틴으로 이루어져 있다.

④ 아밀로펙틴은 존재하지 않는다.

5. 강화미란 주로 어떤 성분을 보충한 쌀인가?

① 비타민 A ② 비타민 B ③ 비타민 D ④ 비타민 C

고찰 및 소감(참고문헌)

실험 3 조리방법을 달리한 콩자반의 품질비교

일자:

조원:

목적

조리방법이 콩자반 콩의 연화에 미치는 영향과 적합한 조리방법을 알아본다.

재료

- 불린 콩 300g(100g × 3)
- 설탕 100g(50g × 2)
- 간장 8Ts(4Ts × 2)

기구 및 기기

계량컵, 계량스푼, 저울, 타이머, 일반 조리도구

실험방법

콩을 씻어 5시간 정도 불려 100g씩 3등분하여 각 시료에 물 $2\,^1/_2$ 컵을 넣고 다음의 방법으로 조리하여 각 시료에 대하여 평가한다.

A. 물에 콩을 넣고 15분간 삶는다.

B. 물에 콩을 넣고 10분간 삶은 다음 간장 4Ts와 설탕 50g을 넣고 5분간 조린다.

C. 물에 콩과 간장 4Ts, 설탕 50g을 넣고 10분간 조리고 5분간 뜸 들인다.

평가

각 시료의 실험결과를 표에 기록하고 고찰한다.

결과

구분	조건	부드러움	색	윤기	맛	기호도(순위)
A	15분 삶기					
B	10분 삶아 양념 후 5분 조리기					
C	양념 후 10분 조리고 5분 뜸 들이기					

Question

1. 콩자반에서 콩껍질에 주름이 생기는 이유를 설명하시오.

2. 콩자반의 콩이 단단해지는 이유를 설명하시오.

3. 콩자반을 윤기 나게 조리려면 어떻게 하는 것이 좋은가?

고찰 및 소감(참고문헌)

실험 4 물의 온도가 쌀가루반죽에 미치는 영향

일자:

조원:

목적

- 쌀가루반죽을 할 때 반죽하는 물의 온도에 의한 영향을 알고자 한다.
- 경단 만드는 방법을 익히고, 반죽하는 물의 온도에 의한 영향을 알고자 한다.

재료

- 쌀가루 200g
- 찹쌀가루 200g
- 카스텔라빵 1/2봉
- 소금(쌀분량의 1%)

기구 및 기기

일반 조리용구, 온도계, 저울, 타이머

실험방법

물의 온도를 달리한 멥쌀가루반죽

① 쌀가루 100g을 볼에 담고 끓는 물 30~35%를 가한다. 쌀가루의 수분함량에 따라 변화가 있을 수 있으므로 반죽의 상태를 관찰하면서 넣는다(첨가하는 소금의 양은 쌀가루의 1%인데, 이것을 정량의 물에 녹여서 반죽한다). 처음에는 숟가락으로 뭉치게 한 후 손으로 반죽을 100회 하여 같은 크기로 둥글게 빚는다(반죽의 상태가 귓불처럼 말랑한 것이 좋다).

② 쌀가루 100g을 다른 볼에 담고 상온의 물 30~35%을 가하여 ①과 같이 한다.

③ 냄비에 충분한 양의 물을 넣어 끓인다. 물이 끓으면 경단 빚은 것을 한번에 5개씩 넣는다.
④ 경단이 떠오르면 삶은 시간을 측정하고 구멍 있는 국자로 건져 1/2은 찬물에 담가 씻고, 1/2은 소쿠리에 건져 상온으로 식힌 후 관능평가하여 표에 기록한다.

물의 온도를 달리한 찹쌀가루반죽

쌀가루와 같은 방법으로 한다.

평가

① 각각의 Sample을 관능검사한 후 아래의 표에 해당되는 점수를 기록하고 고찰한다.
② 경단은 관능검사한 후 나머지는 카스텔라빵가루를 무쳐 시식한다.

결과

시료		관능특성					
		모양	입자상태	부드러운 정도	표면의 광택	촉촉한 상태	전반적인 기호도
(A) 멥쌀가루 100g+상온 물 (°C, g)	냉수에 씻은 것						
	씻지 않은 것						
(A) 멥쌀가루 100g+끓는 물 (°C, g)	냉수에 씻은 것						
	씻지 않은 것						
(B) 찹쌀가루 100g+상온 물 (°C, g)	냉수에 씻은 것						
	씻지 않은 것						
(B) 찹쌀가루 100g+끓는 물 (°C, g)	냉수에 씻은 것						
	씻지 않은 것						

※ 점수표
• 5: 아주 좋음 • 4: 좋음 • 3: 보통 • 2: 나쁨 • 1: 아주 나쁨

Question

1. 전분의 구조 -Amylose
   (미셀구조) -Amylopectin

2. 전분의 호화

3. 전분의 호화에 영향을 미치는 인자

4. 노화

5. 쌀가루나 찹쌀가루를 익반죽하는 이유는?

6. 각종 전분입자의 형태를 그림으로 관찰하시오.

7. 전분의 호화에 의한 전분입자의 변화를 그림으로 관찰하시오.

8. 각종 전분의 호화온도(℃)에 대하여 조사하시오.

9. 냉동을 하였을 때 노화가 지연되는 이유는?

10. 전분의 노화를 방지하려면?

11. 우리나라 떡에 대하여 간단히 조사하시오.

고찰 및 소감(참고문헌)

실험 5 가열조리 시 첨가물에 따른 두부의 품질비교

일자:

조원:

목적

첨가물을 넣고 두부를 가열조리할 때, 두부가 부드럽게 조리되는 방법에 대하여 알아본다.

재료

- 두부 150g
- 물 6C
- 된장 4Ts
- 전분 1ts

기구 및 기기

계량컵, 계량스푼, 타이머, 저울, 일반조리용구

실험방법

① 두부는 1.5 × 1.5 × 1.5cm로 썰어 동일한 크기로 만든 다음 50g씩 계량한다.

ⓐ A: 물 2C

ⓑ B: 물 2C+된장 2Ts

ⓒ C: 물 2C+된장 2Ts+전분 1ts

② 다음과 같이 냄비에 물과 첨가물을 넣고 끓인다.

③ 물이 끓을 때 썬 두부 50g을 넣는다.

④ 8분간 가열하고 두부를 건져낸다.

⑤ 두부 단면의 질감과 내부의 기공형성 정도를 비교하여 관찰한다.

평가

각 시료의 실험결과를 표에 기록하고 고찰한다.

결과

구분	조건	질감	두부 내부기공의 형성 정도
A	무첨가		
B	된장 2Ts		
C	된장 2Ts, 전분 1ts		

Question

1. 두부 내부의 기공이 가장 작은 시료는 어느 것이며, 이유는 무엇인가?

2. 두부 찌개나 국을 끓일 때, 두부를 넣어야 하는 시점과 그 이유를 설명하시오.

3. 두부김치를 만들 때 두부를 부드럽게 조리하려면 어떻게 해야 하는가?

고찰 및 소감(참고문헌)

III

밀가루

01.

밀가루의 분류

밀가루는 글루텐(gluten) 함량에 따라 강력분 · 중력분 · 박력분으로 구분한다.

글루텐(점탄성)=글리아딘(점성과 신장성)+글루테닌(탄력성)+물

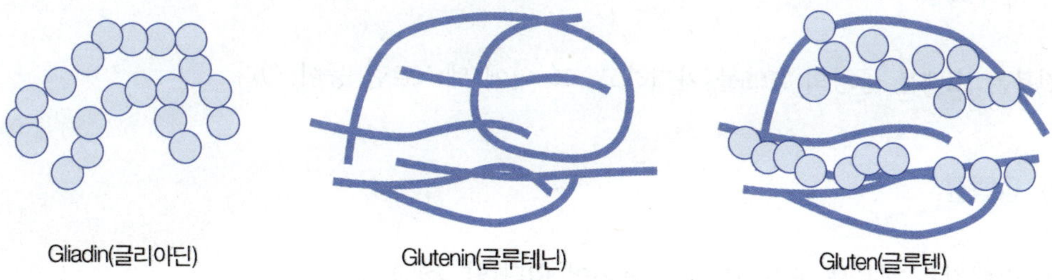

그림 5-4 **글루텐**(Gluten)

1) 강력분

① 다른 밀가루보다 글루텐이 많다(13% 이상). 반죽하면 점탄성이 크다.

② 빵 · 마카로니 · 피자 · 수제비 · 하드롤 등 쫄깃쫄깃한 제품을 만드는데 사용한다.

2) 중력분

① 글루텐 함량 10~13%로 강도가 중간 정도이다.

② 밀에서 기울과 배아를 제거한 후 만든 밀가루이다.

③ 특정한 밀가루가 필요하지 않은 제품에 다목적으로 사용하며, 보통 밀가루라고 하면 중력분을 가리킨다.
④ 면류 · 과자 · 빵 제조에 사용한다.

3) 박력분

① 글루텐 함량이 밀가루 중 가장 적다(10% 이하).
② 밀에서 밀기울을 제거하고 만든다.
③ 케이크 · 쿠키 · 파이껍질 · 튀김 · 과자 등 바삭바삭한 제품제조에 사용한다.

02.
밀가루의 영양소

1) 탄수화물

전분은 소맥분 중량의 70%를 차지하고, 그 외에 텍스트린 등이 있다.

2) 단백질

① 단백질은 대부분 배유부분에 함유되어 있다(약 75%).
② 단백질인 글루텐은 글리아딘 36%, 글루테닌 20%, 메소닌 17%로 구성되어 있다.
③ 글루텐은 탄력성과 신장성을 가지고 있어 제빵의 발효와 굽는 과정에서 발생된 가스를 보유하고 잘 부풀은 빵을 만든다.

3) 지방

① 지방과 그 유사물질은 밀가루에 1～2% 정도 함유되어 있다.
② 밀가루의 지방이 산화와 가수분해에 의해 산패되면 저장성이 나빠지므로 제분공정 중 가능한 한 그 함량을 낮추고 있다.
③ 지방 가수분해효소인 Lipase는 고온과 다습에 장시간 저장하면 본래의 특성을 잃게 한다.

4) 비타민과 무기질

① 밀가루에는 비타민 복합체와 비타민 B가 상당량 들어 있으나 제분 중 많이 제거한다.
② 밀의 무기물은 전체의 1~2%를 차지하고 부위에 따라 큰 차이가 있다.

> **글루텐의 형성을 방해하는 요인**
>
> - 반죽에 지방·설탕·전분 등의 첨가는 글루텐의 형성을 방해한다.
> - 설탕첨가량이 증가하면 글루텐이 잘 형성되지 않으며, 50% 첨가 시 글루텐이 형성되지 않는다.
> - 처음부터 밀가루에 지방이나 설탕을 넣고 반죽하면 나중에 넣는 것보다 글루텐 양이 감소한다.

03.
밀가루의 조리

국내산 밀은 연질미로 제분율이 떨어지고 회분함량이 높아 식빵용으로 품질이 떨어지나 국수나 제과용으로는 수입 밀과 비슷하다

1) 제과제빵

> - 제빵원료: 밀가루, 물, 효모, 설탕, 소금, 쇼트닝
> - 부원료: 부피 증가, 텍스처 향상, 빵의 색깔·맛·향기 향상, 저장성과 영양가 향상 등을 위하여 여러 가지를 첨가한다.

(1) 밀가루

① 단백질인 글루텐 형성으로 제과제빵의 기본 구조와 뼈대를 이루고, 밀가루 특유의 향을 낸다.
② 강력분은 반죽했을 때 글루텐이 그물망을 만들어 끈기가 강한 반죽이 되게 한다.
③ 박력분은 반죽 중에 있는 글루텐 양이 적기 때문에 대단히 부드럽고 끈기가 약한 반죽이 된다.

④ 제빵용 밀가루는 단백질 함량이 높고, 과자용은 낮으며, 국수용은 중간인 것을 사용한다.

(2) 효모(Yeast, Saccharomyces 속)

① 기능은 빵의 부피 증가, 향기 부여, 유해미생물의 증식억제 등이 있다.

② 압착효모(생이스트효모), 건조효모, 즉석활성건조효모, 액체효모, Starter 등이 있다.

(3) 설탕

① 기능은 단맛 부여, 효모의 영양원, 캐러멜화 작용, 빵의 노화방지, 연화작용 등이 있다.

② 케이크 제조 시 지방과 설탕의 크리밍과정에서 설탕입자가 지방에 분산되어 기공을 형성한다.

(4) 소금

① 다른 재료들의 맛을 나게 한다.

② 설탕의 단맛을 순화시켜 감미도를 조절하고 캐러멜화 온도를 낮춘다.

③ 맛의 증가, 유해균의 발육억제, 글루텐의 점탄성 증가 및 빵의 노화방지

④ 너무 많이 사용할 경우 글루텐의 점착성이 떨어지고 품질이 저하된다.

(5) 유지

① 밀가루입자를 코팅하여 수화를 억제한다. 따라서 글루텐 형성을 방해하여 부드럽고 바삭바삭한 빵을 만들어 주는 연화제 역할을 한다.

② 크리밍과정에서 공기를 포함하여 온도상승에 따른 팽창으로 빵을 부풀게 한다.

③ 가열에 의하여 갈색반응이 일어나며, 풍미와 색깔 증진에 기여한다.

④ 쇼트닝 · 버터 · 마가린 · 크림 등 사용된다.

(6) 물

① 밀가루의 글루테닌과 글리아딘으로 글루텐을 형성한다.

② 화학팽창제와 반응으로 탄산가스(CO_2)를 생성한다.

③ 설탕 · 소금 · 탈지분유 등의 용매역할을 한다.

④ 지방의 분산, 전분의 호화 등에 관여한다.

(7) 달걀

① 달걀 단백질은 가열하면 변성(응고)하여 형태를 지탱할 구성체를 만들어 밀가루 단백질을 보완한다(예 커스터드 크림).

② 단백질이 피막을 형성하여 믹싱 중 공기를 포집하고, 열에 의해 공기는 팽창하여 케이크의 부피를 크게 한다(예 스펀지 케이크).

③ 난황의 지방은 제품을 부드럽게 하고, 난황의 레시틴은 유화제의 역할을 한다.

④ 난황의 황색색소는 제품을 식욕이 나는 색상으로 만든다.

⑤ 단백질 · 지방 · 무기질 · 비타민 등의 영양분을 골고루 함유하고 있다.

⑥ 커스터드 크림을 엉기게 하는 결합제 역할을 한다.

(8) 우유

① 우유 단백질의 변성으로 제품의 구성재료이다.

② 우유의 유당에 의해 껍질색을 진하게 하고 우유향을 제공한다.

③ 사용우유는 시유 · 탈지우유 · 농축우유 · 전지분유 · 탈지분유 등이 있다.

(9) 이스트 푸드(Yeast Food), 제빵개량제(Subsidiary Agent of Baking)

① 효모의 영양분으로 발효촉진을 위해 브롬산칼륨 · 염화나트륨 · 염화암모늄 · 과산화칼슘 등을 사용한다.

② 제빵개량제라고 표현하고 수많은 화합물들로 구성되어 있으며, 사용목적은 물의 경도조절, 반죽형성조절, 이스트의 영양보강, 부피증가, 작업의 안정성, 흡수율 증가, 반죽의 강인화와 숙성촉진, 색상의 향상 등이 있다.

크리밍성(Creaming Method)이란?

- 고형유지가 교반에 의해 내부에 공기를 품는 성질로서, 유지량에 비해서 많은 공기를 품는 유지일수록 크리밍성이 크다고 한다.
- 쇼트닝은 라드보다 지방입자가 작아 크리밍성이 훨씬 크다.

2) 팽창제

제과제빵의 팽창은 탄산가스(CO_2)나 공기 혹은 수증기에 의하며, 또한 탄산가스의 생성방법에 따라서 미생물을 이용한 생물학적 팽창제와 화학제제를 이용한 화학적 팽창제로 구분한다.

(1) 탄산가스(CO_2)에 의한 팽창

생물학적 팽창제(효모)

① 효모가 포도당을 이용하여 CO_2를 만들고, 열에 의해 탄산가스의 팽창으로 빵이 부풀어 오른다.

② 종류는 압착효모 · 건조효모 · 액체효모 · Starter 등이 있다.

③ 효모(yeast)명: Saccharomyces Cerevisiae

④ 밀가루반죽 시 효모를 넣으면 효모의 당발효에 의하여 CO_2와 알코올을 생성한다.

화학적 팽창제

① 화학적 팽창제로 탄산가스 발생, 열로 탄산가스의 팽창으로 빵이 부풀어 오른다.

② 종류: 중탄산나트륨(탄산수소나트륨, 중조: $NaHCO_3$), 중탄산암모늄(탄산수소암모늄, NH_4HCO_3), 베이킹파우더 등으로 화학반응에 의하여 탄산가스를 발생할 수 있는 물질이다.

(2) 공기팽창

① 물리적 팽창방법으로 반죽의 여러 과정 중 반죽 속에 공기를 포함시켜 오븐의 열에 의하여 팽창시키는 방법이다(예 스폰지 케이크, 파운드 케이크, 머랭, 거품형 반죽쿠키 등).

② 가루의 체질, 지방과 설탕을 섞는 크리밍, 난백의 Beating, 반죽의 Folding 등 반죽의 여러 과정에서 많은 공기가 반죽에 포함된다.

(3) 수증기 팽창

수분함량이 많은 반죽을 가열하면 이때 생기는 수증기에 의해 팽창된다(예 증편, popover, cream puff 등).

3) 국수류의 조리

① 밀가루 단백질인 글루텐의 점착력을 이용하여 사상(絲狀)의 국수를 만든다.
② 원료: 밀가루 · 물 · 소금이 주로 쓰이나 메밀가루 · 쌀가루 · 도토리 · 칡 · 녹차 등이 쓰이기도 한다.
③ 당면은 기본원료가 전분으로 전분면에 속한다.

(1) 밀가루

① 일반국수류: 전분을 주원료로 면발로 성형하거나 이를 열처리 · 건조 등으로 가공한 것으로 국수(기계면 · 수타면)와 냉면 · 당면이 있다.
② 파스타(pasta): 스파게티 · 마카로니 · 라비올리(ravioli) 등 밀가루와 물로 만든 이탈리아 국수요리의 모든 것
  ⓐ 파스타 종류: 모양에 따라 펜네(펜촉모양), 파팔레(나비모양), 리가토니(바퀴모양), 카펠리니(천사 머리카락), 푸실리(나사모양) 등 수백 가지가 있다.
  ⓑ 파스타는 유럽의 밀가루(듀럼세몰리나)로 만들며, 압력을 가하여 구멍을 통과시켜 만든다.
  ⓒ 마카로니는 스파게티를 만드는 강력분과 세몰리나 · 물을 조금 넣고 끈기 있도록 치대어 만들며, 가운데 구멍을 뚫어 잘 말려서 상품화한 파스타의 한 종류이다.
  ⓓ 스파게티는 마카로니처럼 구멍이 뚫려 있지 않으며 특수 강력분으로 만든다.

(2) 물

① 물은 글루텐을 형성한다.
② 연수를 사용한다.

(3) 소금

① 소금은 글루텐망을 적당히 굳혀 반죽을 질기게 한다.
② 칼국수의 경우 오래 반죽하여 글루텐이 충분히 형성되도록 한다.

실험 1 제과 및 제빵성 실험(밀 글루텐의 특성)

일자:

조원:

목적

① 밀가루의 종류에 따라 글루텐을 비교해 본다.

② 밀가루 글루텐의 팽창에 영향을 미치는 요인을 알아본다.

③ 글루텐 형성에 설탕과 지방이 미치는 영향을 알아본다.

재료

① 중력분 100g, 100g × 2, 100g × 3

② 박력분 100g, 강력분 100g, 설탕 50g, 식용유 5g

기본재료: 물

- 박력분: 40~50ml
- 중력분: 50~60ml
- 강력분: 60~70ml

기구 및 기기

튼튼한 헝겊주머니(소창), 비커, 베이킹 팬, 빵 자르는 칼, 저울

실험방법

기본방법

① 밀가루는 체로 칠 필요가 없다. 볼에 밀가루를 담고 물을 천천히 넣으며 포크로 저어 준다. 정해진 양의 물보다 조금 덜 넣어 반죽해 주고, 부족하면 나머지를 넣어 준다.

② 물을 넣은 후 손으로 잘 반죽한다. 밀가루는 더 넣지 않는다. 10분 동안 반죽한 후(귓볼처럼 부드럽게) 반죽된 것을 헝겊주머니에 넣어 흐르는 수돗물 아래서 주무르며 씻어 준다. 반죽이 주머니 밖으로 나오지 않도록 조심한다. 반죽에서 뿌옇게 전분이 씻겨져 나오므로 물이 맑아질 때까지 씻어 준다.

③ 물이 맑아지면 헝겊주머니를 조심스럽게 열고 헝겊주머니에 달라붙어 있는 크림색의 덩어리를 긁어 모아 둔다. 이것이 글루텐이다. 긁어 모은 글루텐을 다시 한 번 물에 씻어 물기를 짠 후 볼 모양을 만든다. 마른 행주로 물기를 닦아내기도 한다.

④ 그런 다음 저울에 무게를 단다.

⑤ 이것을 베이킹 팬에 담아 미리 232℃(450°F)로 가열한 오븐에 넣어 15분간 구운 후 오븐의 온도를 150℃(300°F)로 내려 5분간 더 굽는다.

⑥ 다 구운 다음 꺼내어 잠깐 식힌 후 무게와 부피를 잰다. 그런 다음 구조를 보기 위하여 칼로 자른다.

A. 밀가루의 종류별 글루텐의 특성

① 중력분: 기본재료의 양으로 기본방법으로 준비한다. 이것이 대조군이 된다.

② 박력분: 기본재료의 양으로 기본방법으로 준비한다.

③ 강력분: 기본재료의 양으로 기본방법으로 준비한다.

B. 설탕과 지방이 글루텐 형성에 미치는 영향

밀가루는 중력분을 사용하여 기본재료의 양으로 기본방법으로 준비한다. 이것이 대조군이 된다.

① 설탕: 기본재료의 밀가루에 설탕 50g을 넣고 정해진 양의 물보다 적은 양의 물(40~50ml)을 넣어 기본방법으로 한다.

② 지방: 기본재료의 밀가루에 식용유 5g을 넣어 정해진 양의 물(50~60ml)을 넣은 후 기본방법으로 한다.

C. 굽는 상태의 영향

기본재료로 하되, 중력분을 사용한다.

① 미리 가열하지 않은 오븐: 글루텐 볼을 미리 가열하지 않은 오븐에 넣어 230°C(450°F)로 온도를 올린다. 구조가 형성되는데 필요한 시간을 잰다(표면이 황갈색이 될 때까지).

② 오븐을 150°C(300°F)로 미리 가열한다. 가열한 오븐에서 구조가 형성될 때까지 구우며, 시간을 잰다.

③ 오븐의 문을 열어본다. 오븐을 230°C(450°F)로 미리 가열한 후 글루텐 볼을 넣어 잘 부풀기 시작할 때 오븐의 문을 30초 동안 열었다가 닫는다. 닫은 후 기본방법과 같은 방법으로 굽는다.

평가

① 굽기 전: 반죽의 무게, 물로 씻은 후 만들어진 글루텐 볼의 무게를 재어 기록한다. 색과 질긴 정도를 비교한다.

② 굽는 동안: 글루텐 볼을 굽는 동안 오븐의 유리를 통하여 구워지는 형태를 관찰하며 기록한다.

③ 구운 후: 구운 후 꺼내어 잠깐 식히고 무게를 재어 기록한다. 표면의 특징, 부풀은 정도를 관찰하고, 이후 조심스럽게 반으로 잘라 구조를 관찰한다. 가운데의 가닥을 뜯어내어 얼마나 질긴지를 비교해본다.

결과

실험처리구		무게(g)			굽기 전의 특징		구운 후의 특징		
		반죽	굽기 전 글루텐	구운 후 글루텐	색	질긴 정도	표면의 특징	부풀은 정도	질긴 정도
A. 밀가루의 종류	중력분								
	박력분								
	강력분								
B. 재료의 영향	설탕								
	지방								
C. 굽는 상태	미리 가열하지 않은 오븐								
	150°C로 미리 가열한 오븐								
	230°C로 미리 가열하고 오븐의 문을 열어 본 것								

Question

1. 밀가루에 물을 조금씩 첨가하고 반죽을 하면 밀단백질인 Gliadin과 Glutenin이 물과 결합하여 망상구조인 Gluten을 형성하는 과정을 그림으로 설명하시오.

2. 밀 글루텐의 특성
   ① 물을 넣는 방법:
   ② 반죽방법과 점도:
   ③ 밀가루의 종류와 질:
   ④ 첨가물
      ⓐ 팽창제: ⓑ 지방: ⓒ 달걀:
      ⓓ 설탕: ⓔ 소금:

3. 여러 종류의 밀가루의 단백질 양과 구조를 비교해서 설명하시오.

4. 밀가루에 물을 넣어 반죽을 하고 구워낼 때까지의 변화를 설명하시오.

5. 잘 부풀지 않고 주저앉는 이유는 무엇이며, 이런 현상을 어떻게 피할 수 있을까?
   • 이유:
   • 방법:

6. 설탕은 글루텐 형성에 어떤 영향을 미치나?

7. 지방은 글루텐 형성에 어떤 영향을 미치나?

고찰 및 소감(참고문헌)

IV
채 소

01.
채소류의 종류

채소류는 이용부위에 따라 엽경채류 · 근채류 · 과채류로 구분하고, 채소의 식품학적 가치는 다음과 같다.

① 수분이 약 90% 이상 함유되어 독특한 풍미로 식욕을 증진한다.
② 비타민과 무기질의 공급원이다.
③ 식이섬유가 다량 함유되어 소화기능을 도와준다.
④ 다양한 색채는 시각적으로 식욕을 촉진한다.

1) 엽경채류

① 엽채(葉菜)류: 잎을 식용, 배추 · 양배추 · 양상추 · 쑥갓 · 갓 등
② 경채(莖菜)류: 줄기를 식용, 아스파라거스 · 죽순 · 땅두릅 등
③ 화경(花莖)류: 꽃줄기를 식용, 브로콜리 · 콜리플라워 등

2) 근채류

① 근경, 괴경(덩이줄기), 구경(알줄기), 비늘줄기와 근을 총칭한다.
② 무 · 당근 · 연근 · 우엉 · 생강 · 도라지 · 양파 · 마늘 · 토란 · 더덕 · 순무 · 마 등

3) 과채류

① 열매를 식용하는 것이다.
② 호박 · 오이 · 가지 · 토마토 · 고추 · 피망 · 수박 · 참외 · 멜론 등

02.
채소의 영양성분

채소는 수분이 많고 단백질 · 지방 · 탄수화물의 함량은 상대적으로 낮다.

1) 비타민

채소는 다양한 종류의 비타민이 함유되어 있으며, 특히 비타민 A · C가 많이 들어 있다.

2) 무기질

① 채소에 무기질은 Ca · Mg · K · Na · P · Fe · S이 함유되어 있으며, 특히 K가 공통적으로 많이 들어 있다.
② 엽채류는 Ca · P · Fe가, 근채류는 Mg이 많이 함유되어 있다.

3) 탄수화물

채소에는 탄수화물은 주로 전분과 당(포도당 · 과당 · 설탕), 섬유질(cellulose, hemicellulose)로 구성되어 있다.

4) 단백질

① 채소 단백질은 필수 아미노산이 부족하여 영양적 가치는 적다.
② 어린 잎이나 줄기에는 아스파르트산 · 글루탐산 · 아스파라긴 등의 아미노산이 있어 특유의 맛을 낸다.

5) 지방

채소에 지방은 매우 적은 양이 함유되어 있다.

6) 기타

① 엽채류: 카로틴(carotene), 비타민 C, 비타민 B_2를 많이 함유하고 있다.

② 과채류: 과채류 중 고추·토마토는 비타민 C와 카로틴의 함량이 높으나 그 외의 과채류는 엽채류보다 비타민 C와 카로틴의 함량이 낮다.

③ 근채류: 전분·포도당 등 많은 탄수화물을 함유하고 있으며, 비타민과 무기질의 함량은 높지 않다.

채소류의 저장

- 채소류는 수확 후에도 증산작용과 호흡작용이 일어나므로 쉽게 품질이 저하된다. 따라서 저장방법은 온도를 낮추어 대사작용을 억제한다.
- 0°C 이하에서는 냉해를 입기 때문에 냉장창고에서 온도와 습도를 조절하는 방법이 좋으며 저장의 최적 온도와 습도가 각각 다르다.

증산작용

- 잎의 기공을 통해 물이 기체상태로 밖으로 나가는 것. 물이 증발할 때 식물체의 열도 함께 빼앗아 더운 여름에도 식물들이 견딜 수 있다.

호흡작용

- $C_6H_{12}O_6 + O_2 \rightarrow$ 에너지 $+ CO_2 + H_2O$

03.

채소류의 조리

채소는 가열이나 산·알칼리 처리에 의해 질감, 수분함량, 영양분, 향미 및 색소가 변화한다.

1) 질감의 변화

(1) 섬유질

① 인간이 소화할 수 없으므로 영양적 가치는 없으나, 장운동을 돕는다.
② 섬유소는 알칼리에 의하여 쉽게 연화되고, 너무 오래 삶으면 물러진다.
③ 알칼리성인 중조(N_aHCO_3)를 첨가하면 짧은 시간에 섬유소가 연화된다.
④ 산에 의하여 질감이 단단해지고, 산성물질의 첨가나 산이 있는 채소류는 가열하여도 연해지지 않는다.

(2) 펙틴(Pectin)

① 식물세포 사이를 결착시키고 있는 펙틴은 가열에 의하여 분해 혹은 용해되어 세포 간 결합이 없어져 조직이 연화된다.
② 조리 시 수산화칼슘($Ca(OH)_2$)이나 염화칼슘($CaCl_2$)을 첨가하면 펙틴이 이들과 결합하여 불용성의 단단한 칼슘염을 형성하여 연해지지 않는다.

2) 수분함량의 변화

① 건조한 채소는 수분을 흡수하고, 신선한 채소는 가열로 수분이 감소한다.
② 1%의 식염수에서 가열하면 세포 내외의 삼투압이 같기 때문에 채소의 조직을 파괴하지 않고 조리할 수 있다.

3) 영양분의 변화

(1) 탄수화물

채소의 가열조리 시 전분은 호화되고, 당은 캐러멜화(caramel)가 일어난다.

(2) 단백질

조리 시 물에 용출된 단백질은 유리 아미노산으로 주로 맛성분을 가진 아미노산이 손실된다.

(3) 비타민의 변화

지용성 비타민 비타민 A · D · E · F 등을 함유한 채소는 기름에 튀기거나 볶으면 비타민이 쉽게 용출된다.

수용성 비타민 비타민 B_1 · B_2, 니아신, 비타민 C, 엽산은 물에 용해되므로 국물까지 먹고, 국물을 버릴 경우 물을 적게 사용하여 고온 · 단시간에 조리한다.

비타민 C

① 수용성으로 쉽게 산화되고 열에 의해 쉽게 분해된다.
② 알칼리성에서 쉽게 파괴된다. 채소의 색깔을 선명하게 유지하기 위해 조리 중에 중조($NaHCO_3$)를 넣으면 조리수가 알칼리성으로 되어 비타민 C가 파괴된다.
③ 산성에서는 비교적 안정하다. 구리(Cu)가 있으면 산화가 촉진된다.
④ 온도가 높을수록, 가열시간이 길수록 파괴가 심하다.
⑤ 오이 · 당근의 아스코르비나제는 비타민 C를 파괴하는 산화효소로 비타민 C가 풍부한 무와 함께 조리하면 파괴가 심하다. 식초를 넣어 산성으로 만들거나 간장, 혹은 식초와 간장을 함께 넣으면 파괴를 방지할 수 있다.
⑥ 비타민 C 파괴를 방지하는 방법은 통째로 씻어 크게 썰거나, 물에 소금을 넣고 데친 후 찬물에 곧바로 헹구어 산화효소를 파괴한다.

비타민 A 비타민 A와 카로틴은 지용성으로 열에 비교적 안정하나 산소와의 접촉에 의한 산화로 쉽게 파괴된다.

비타민 B_1 · B_2

① 수용성이므로 물에 쉽게 용출되지만 열에 의해서는 비교적 안정하기 때문에 가열에 의한 파괴는 미미하다.
② 산성에서 비교적 안정하고 알칼리성에서는 쉽게 파괴되므로 중조를 넣어 조리할 때 주의한다.

4) 향미의 변화

① 채소의 향미성분을 보유하려면 소량의 물에 뚜껑을 덮고 조리한다.

② 쓴맛, 아린 맛, 떫은맛은 수용성으로 데쳐 헹구거나 물에 담가 제거한다.

③ 양파 · 마늘의 매운맛을 남기기 위해서 크게 썰어 고온에서 단시간 조리한다.

④ 배추 · 무는 오래 가열하면 쓴맛을 내므로 물로 희석시켜야 하고, 누린내와 비린내를 제거하는데 이용한다.

⑤ 황함유채소인 양파류(양파 · 마늘 · 부추), 양배추류(양배추 · 콜리플라워 · 브로콜리 · 무) 등은 조리 시 강한 자극성 냄새가 나므로 빠른 시간 내에 조리한다.

5) 색소의 변화

채소는 다양한 색소가 함유되어 있고, 조리과정에서 색의 변화가 가장 심하다.

(1) 엽록소(Chlorophyll, 클로로필)

① 녹색 색소, 지용성 색소로 엽록체에 Carotenoids와 Chlorophyll이 녹엽 중에 3 : 1의 비율로 공존한다.

② 광합성을 통하여 당을 만들어 식물에 영양을 공급한다.

③ 엽록소는 5μ 정도 크기의 청홍색 미세결정으로 Mg을 가진다.

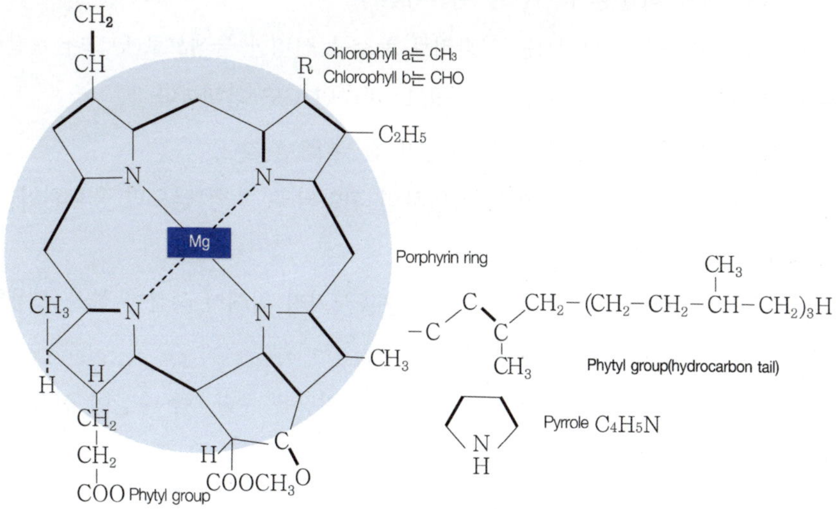

그림 5-5 엽록소의 구조

조리에 의한 엽록소의 변화

① 엽록소 1분자는 4개의 피롤(pyrrole)기를 가지고 포르피린 링(porphyrin ring)을 형성하며, 가운데 마그네슘(Mg)을 가지고 있다.

② 엽록소의 Mg는 유기산이 있으면 수소원자에 의해 쉽게 치환되어 황록색의 페오피딘(pheophytin)으로 변한다. 녹색 채소에 간장과 된장을 넣고 장시간 끓인 국, 김치, 통조림한 채소 등이 누런색으로 변하는 이유이다.

③ 조리 시 엽록소는 조리온도와 유기산(pH)에 가장 큰 영향을 받으며, 조리시간, 물의 양, 채소에 함유된 엽록소의 양 등도 영향을 미친다.

④ 조리 시 물이 푸른색을 띠는 것은 채소에 함유된 효소인 클로로필라제(chlorophyllase)나 알칼리에 의하여 피틸기(phytyl group)가 제거되어 클로로필리드(chlorophyllide)가 되기 때문이다.

⑤ Mg은 가열 시 Cu · Fe · Zn 등의 금속이온과 치환되면 푸른 색을 유지할 수 있으나 Cu는 독성이 있을 수 있다.

채소의 조리 시 선명한 녹색유지방법

① 엽록소는 산에 의해 녹황색으로, 알칼리에 의해 선명한 녹색으로 변하므로 채소를 데칠 때 뚜껑을 열고 데쳐 휘발성 유기산을 휘발시킨다.

② 중조($NaHCO_3$: 탄산수소나트륨)는 알칼리로 채소를 선명한 녹색으로 만드나 알칼리는 섬유소를 파괴하여 채소를 물러지게 하기 쉽고, 비타민 C도 파괴한다.

③ 충분한 물에, 뚜껑을 열고, 데친 후 재빨리 찬 물로 씻는다.

④ 식물은 휘발성 유기산(수산)이 있어 가열하면 휘발되고, 뚜껑 닫으면 응축되어 물의 산성화로 채소가 탈색된다.

⑤ 수산을 수증기와 함께 날려 보내거나 물에 용출시키기 위해서 충분한 물을 사용하고 삶은 후 즉시 헹구면 수산을 없앨 수 있다.

⑥ 채소 중에 용해성 수산이 있으면 칼슘의 흡수에 지장을 준다. 즉 수산이 신장에서 칼슘과 결합하여 침전하는 경우 신장결석의 원인이 된다.

(2) 카로티노이드(Carotenoid)계 색소

① 황(黃), 등(橙), 홍(紅)색 색소

② 당근, 고구마, 익은 호박 등에 존재한다.

③ 지용성, 물에 안정. 즉 물로 삶는 과정에서는 안정한 색소이다.

④ 산과 알칼리에 영향을 받지 않는다.

표 5-2 식품 중의 Carotenoid계 색소

Carotene 류		Xanthophyll류	
색소명	존재식품	색소명	존재식품
α-caroten β-caroten γ-caroten Lycopene	당근, 차잎, 고추 당근, 고구마, 호박, 시금치 당근, 살구, 감귤 수박, 감자, 토마토, 감, 앵두	lutein capsanthin cryptoxanthin Fucoxanthin	녹색채소, 호박, 난황 고추 옥수수, 감, 오렌지 해조류(다시마, 미역)

(3) 플라보노이드(Flavonoid)계 색소

① 담황색(pale yellow) 또는 황색(yellow) 색소

② 밀 · 감자 · 흰콩 · 양파 · 무 등에 존재한다.

③ 수용성으로 알칼리성에서 황색으로 산성에서 백색으로 변한다.

④ 열에 의해서는 변하지 않는다.

표 5-3 식품 중의 Flavonoid계 색소

종류	색소명	색	존재식품
Flavone계(플라본)	Apigenin Apiin Tritin	담황색 무색 담황색	옥수수 파슬리(parsley) 밀가루, 아스파라거스
Flavonol(플라보놀)	Quercetin Rutin	황색 색	양파껍질 메밀, 토마토

(4) 안토시안(Anthocyan)계 색소

① 적(赤) · 청(青) · 자(紫)색 색소

② 딸기 · 가지 · 포도 · 검정콩에 존재한다.

③ 수용성, 산에 안정. 알칼리나 금속과 반응하면 적색은 자색으로 변한다. 따라서 적색채소의 조리는 소량의 물에 뚜껑을 덮고 한다.

④ 색을 안정시키기 위해 식초나 레몬즙을 가할 수도 있다.

실험 1 조리용액이 채소의 색 · 향미 · 텍스처에 미치는 영향

일자:

조원:

목적

조리용액이 채소의 색 · 향미 · 텍스처에 미치는 영향을 알고자 한다.

재료

- 시금치 · 당근 · 적색양배추 · 양파 각각 250g씩
- 소금 2g × 4
- 식소다 1g × 4
- 식초 1g × 4

기구 및 기기

일반 조리용구, 냄비, 흰색 접시, 메스실린더, 비커, 저울, pH Meter

실험방법

채소의 준비

① 시금치: 뿌리부분을 제거하고 깨끗이 씻어 50g씩 4묶으로 나누어 적당한 길이로 잘라 놓는다.

② 당근: 당근의 껍질을 칼로 긁어서 깨끗이 씻은 후 3 × 0.2 × 0.2cm 크기로 썰어서 50g씩 4묶으로 나누어 놓는다.

③ 양파: 양파는 네 쪽으로 쪼갠 후 2cm 정도로 잘라 50g씩 4묶으로 나누어 놓는다.

④ 적색양배추: 단단한 뿌리부분을 제거하고 잎사귀를 씻은 후 굵은 채로 썰어 50g씩 4몫으로 나누어 놓는다.

실험

각각의 채소를 다음 방법과 같이 한다.

① 240ml의 물을 작은 냄비에 넣고 가열하여 끓인다.

② 물이 끓으면 채소를 한 몫씩 넣고 정확하게 3분간 데친다. 단, 중간에 한 번 뒤집는다. 냄비 뚜껑을 열고 데친다. 데칠 때의 조작은 다음 실험과 같다.

실험처리구

① 냄비 뚜껑을 열고 수돗물에 데친다.

② 2g의 소금을 넣고 데친다.

③ 1g의 식소다를 넣고 데친다.

④ 1g의 식초를 넣고 데친다.

⑤ 데친 후 시금치만 찬 물에 한 번 헹구어 물기를 짜고 다른 채소는 물에 헹구지 않는다.

⑥ 데친 채소는 백색 접시에 담고 물은 비커에 담는다.

평가

① 채소의 색·향미·텍스처에 대하여 관능검사를 한다. 텍스처는 손으로 만져 보고 씹어 보면서 평가한다. 색은 건더기와 물의 색을 각각 본다.

② 비커에 담은 물이 식은 후 pH Meter로 pH를 측정한다.

결과

처리구		관능특성			pH
		색	향미	텍스처	
시금치	수돗물				
	소금(2g)				
	식소다(1g)				
	식초(1g)				
당근	수돗물				
	소금(2g)				

	식소다(1g)				
	식초(1g)				
적색양배추	수돗물				
	소금(2g)				
	식소다(1g)				
	식초(1g)				
양파	수돗물				
	소금(2g)				
	식소다(1g)				
	식초(1g)				

Question

1. 세포벽의 구성분에 대해서 간단히 요약하시오.

2. 숙성 중 펙틴물질의 변화에 대하여 설명하시오.

3. 오늘 실험한 내용을 기본으로 하여 색에 일어나는 변화와 이 변화를 최소한으로 유지할 수 있는 방법을 이해하기 위하여 기본적인 반응에 대하여 간단히 요약하시오.

4. 채소의 손질과 조리방법에 의한 영향에 대하여 정리하시오.

고찰 및 소감(참고문헌)

실험 2 감자의 갈변

일자:

조원:

목적

감자 · 우엉 · 연근과 같은 채소의 껍질을 깎아 공기 중에 두면 갈변하는 이유를 이해하고, 방지하는 방법을 알아본다.

재료

- 감자 200g
- 식염 10g

기구 및 기기

일반 조리용구, 저울, 메스실린더, 타이머

실험방법

감자는 껍질을 벗기고 약 1cm 두께로 썰어 50g씩 3등분한다(A · B · C). A는 그대로 두고, B는 200ml의 물에 넣고, C는 200ml의 물에 소금 2g을 넣어 만든 식염수에 넣는다.

평가

10분 · 30분 지난 후 각각의 감자의 색과 B와 C의 물의 색을 비교한다.

결과

시료	10분 방치 후의 색변화		30분 방치 후의 색변화	
	감자	물	감자	물
A(그대로 둔 것)				
B(물)				
C(식염수)				

Question

1. 감자의 종류에 따른 특징과 사용용도에 대하여 설명하시오.

2. 감자의 갈변원인과 갈변을 방지할 수 있는 방법을 설명하시오.

3. 감자의 올바른 보관방법과 이유를 설명하시오.

고찰 및 소감(참고문헌)

V

과일류

01.

과일류의 종류

- 과일은 수분이 약 80% 이상 함유되어 있고, 물보다 흡수되기 쉬운 전해물질이 많이 들어 있어 과일을 먹으면 갈증해소와 피로회복 및 기분전환에 도움이 된다.
- 비타민 · 당질 · 무기질 등이 많고, 특히 칼륨함량이 높다.
- 과일의 맛은 단맛과 신맛이 주인데, 익어감에 따라 신맛을 내는 산이 줄어든다.

① 인과류(仁果類): 사과 · 배 · 비파 등. 준인과류(準仁果類)는 감과 감귤류가 이에 속한다.

② 핵과류: 복숭아, 매실, 살구 등

③ 장과류: 포도

④ 견과류: 밤, 호두, 잣 등

02.

과일의 영양성분

1) 주성분

과일의 주성분은 당(포도당, 과당), 유기산, 비타민 C 등이고, 수분이 80% 이상으로 당은 많지 않다.

2) 지질

지질은 극히 소량 함유되어 있으며, 호두 · 땅콩 등의 너트류는 지질을 많이 함유하고 있다.

3) 단백질

과일에 함유된 단백질은 양도 많지 않고 질도 좋지 않으나 너트류는 다량의 단백질을 함유하고 있다.

4) 무기질

일반적으로 과일 중에는 무기질이 0.4% 정도 함유되어 있으며, K · Ca 등이 다소 많이 함유되어 있다.

5) 비타민

① 비타민 A는 살구 · 망고 등 여러 가지 과일에 풍부하나 딸기는 비타민 A 함유량이 많지 않다.
② 비타민 B는 너트류에 함유되어 있고, 비타민 C는 과일에 다량 함유되어 있다.

6) 유기산

신맛은 유기산에 기인하고, 대표적인 유기산은 다음과 같은데, 과일은 pH가 2~4범위의 산성이다.

① 감귤류와 매실: 구연산(citric acid)
② 사과와 복숭아: 사과산(malic acid)
③ 포도: 주석산(tartaric acid), 호박산(succinic acid) 등

7) 효소

① 과일에는 생체의 거의 모든 화학반응에 관여하는 효소류가 다량 들어 있다.
② 산화효소는 과실저장 시 영양가의 저하와 조리 시 갈변화를 생기게 한다.

03.

과일류의 조리

1) 과일의 수확 후 변화

(1) 호흡작용

① 과일은 수확 후 호흡작용을 통하여 식품 내의 영양분의 손실을 가져 온다.

② 과일과 채소 등 생체식품은 수확 후에도 영양소와 산소가 반응하여 탄산가스와 에너지를 방출하는 대사작용, 즉 호흡작용을 한다.

(2) 탄수화물

미숙과일은 주로 전분을 함유하나 성숙과 더불어 전분이 당으로 전환된다.

(3) 펙틴질

① 펙틴은 과일과 야채 세포막이나 막 사이의 결착물질로 조직이나 가공품의 품질에 영향을 주는 다당류이다.

② 과일은 수확 후 불용성의 프로토펙틴(protopectin)이 가용성의 펙틴질로 변하여 연해진다.

(4) 섬유소

섬유소와 반섬유소는 저장 중 서서히 감소한다.

(5) 유기산

보통 과일은 당보다 유기산이 호흡작용으로 소비되어 신맛이 줄어들고 수분의 증발로 단맛이 증가한다.

(6) 후숙(추숙)

① 바나나 · 토마토 · 사과 등은 다소 미숙한 것을 수확하여 운반 도중 추숙(追熟, after ripening)한다.

② 과일은 추숙을 전제로 수확시기를 선택한다.

2) 과일의 갈변

① 감자 · 고구마 · 우엉 등의 채소나 사과 · 배 · 바나나 등의 과일은 껍질을 벗겨 공기 중에 두면 갈색으로 변하는데, 이것을 갈변이라 한다.

② 채소나 과일에 들어 있는 페놀이 산화효소인 폴리페놀라제(polyphenolase)에 의하여 공기 중의 산소와 작용하여 갈색 물질을 만들기 때문이다.

갈변방지법

- 냉장 · 가열: 효소활성의 최적온도가 40°C이므로 냉장으로 어느 정도 방지할 수 있다. 열을 가하여 효소를 파괴시키면 방지할 수 있으나 과일은 적당하지 않다.
- pH 조절: pH가 낮으면 효소활동이 저하되므로 과일을 식초나 레몬즙에 담근다.
- 설탕 · 소금물 사용: 설탕물이나 소금물에 과일을 담가 산소를 차단하여 갈변화를 방지한다.
- 항산화제 사용: 항산화제인 아스코르브산(ascorbic acid)을 물에 타서 담근다.
- 진공포장: 공기와 접촉하지 않도록 진공포장을 한다.

3) 과일의 조리

과일은 조리에 의하여 질감 · 조직 · 색 · 향미 · 영양가가 변화하고, 열에 의하여 젤리화가 일어난다.

(1) 질감의 변화

① 과일의 독특한 질감은 섬유소의 양과 특성에 의해 좌우된다.

② 과일에 물을 가하여 가열하면 섬유소는 연화되고 세포막은 변성되어 투과성을 잃는다.

(2) 조직의 변화

삶은 과일은 독특한 질감을 상실하여 조직이 연화된다. 이는 세포 간에 견고하게 부착된 불용성의 Protopectin이 가열에 의하여 용해성 펙틴으로 전환되기 때문이다.

(3) 색의 변화

과육 내에 함유된 유기산과 알칼리 · 무기질 등에 의한 반응 때문에 색이 변화한다.

(4) 향미의 변화

① 과일의 향기성분은 주로 당과 휘발성 유기산 및 에스테르(ester)에 기인한다.
② 과일을 너무 오래 가열하면 과실 자체가 가지는 향미를 잃는다.

(5) 영양가의 변화

① 비타민 C는 수용성으로 열에 약하고 쉽게 산화된다.
② 조리할 때 물에 오래 담가두지 말고 가열시간을 짧게 한다.
③ 공기 중에 노출되면 쉽게 산화되고, 금속에 의해 쉽게 파괴된다.

(6) 젤리화

신선한 과일에는 펙틴이 많으므로 설탕을 넣어 가열하여 잼 · 젤리 · 마멀레이드(marmalade)를 만든다.

실험 1

사과의 갈변

일자:

조원:

목적

사과와 같은 과일의 껍질을 깎아 공기 중에 두면 갈변하는 이유를 이해하고 방지하는 방법을 알아본다.

재료

- 사과 1개
- 레몬 1/2개
- 식염 4g
- 설탕 20g

기구 및 기기

일반 조리용구, 메스실린더, 저울, 타이머

실험방법

① 작은 볼에 200ml의 물을 담고 소금 2g을 넣어 식염수를 만들어 둔다.
② 작은 볼에 200ml의 물을 담고 설탕 20g을 넣어 설탕물을 만들어 둔다.
③ 레몬즙을 짠다.
④ 사과는 4등분하여(A · B · C · D) 각각 1cm 정도 두께로 썰어 A는 그대로 두고, B는 자른 즉시 레몬즙을 뿌리고, C는 자른 즉시 200ml 식염수에 넣고, D는 자른 즉시 설탕물에 넣는다.

평가

각 시료의 색을 10분, 30분 경과 후에 관찰한다.

결과

시료	색	
	10분 후	30분 후
A(그대로 둔 것)		
B(레몬즙)		
C(식염수)		
D(설탕)		

Question

1. 열대과일의 올바른 저장방법과 대표적인 열대과일의 성분 및 이용방법에 대하여 설명하시오.

2. 과일의 갈변이 일어나는 원인과 효소적 갈변반응의 방지법에 대하여 간단히 설명하시오.

3. 과일의 인공숙성에 방법과 원인은?

4. 과일의 보관방법에 대하여 설명하시오.

고찰 및 소감(참고문헌)

실험 2 사과잼 만드는 원리

일자:

조원:

목적

제철 과일을 이용하여 잼 만드는 방법을 익히며, 잼이 되는 원리와 당과 산 첨가가 잼형성에 미치는 영향을 알아본다.

재료

- 사과(껍질과 심을 제거한 것) 400g × 4
- 물(사과의 50%) 200ml × 4
- 설탕(사과의 60%) 120g, 360g, 240g × 2
- 레몬즙(또는 구연산) 12g

기구 및 기기

냄비, 주걱, 저울, 메스실린더, 온도계, pH Meter, 당도계

실험방법

기본방법

① 사과를 깨끗이 씻어 껍질을 벗긴 후 4쪽으로 갈라 심을 제거하고 저울에 무게를 단다. 1% 정도의 소금물에 잠깐 담근 후 약 1mm 두께로 얇게 썬다.

② 얇게 썬 사과를 냄비에 담고 물 50%인 200ml를 넣은 후 강한 불에서 가열하여 끓기 시작하면 불을 약하게 하고 사과가 연하게 될 때까지 끓인다.

③ 연하게 된 사과를 잘 으깨어 주고 사과의 60%에 해당하는 설탕 240g을 1/3씩 나누어 첨가하면서 끓여 농축하는데, 이때는 주걱으로 잘 저으면서 강한 불로 단시간에 졸인다. 장시간 가열하면 펙틴이 분해되어 응고성이 저하되고 색이 좋지 않게 된다. 농축 마무리 점은 온도계를 사용하여

105℃가 되는 점으로 하는데, 냉수를 컵에 담아 농축된 즙을 조금 떨어뜨렸을 때 즙이 물에 흩어지지 않으면 알맞게 졸여진 것이다. Brix 당도계로 당도를 측정하였을 때 60~65% 정도가 적당하다. 조금 묽은 듯해도 식으면 굳어지므로 너무 졸이지 말고 즙을 물 속에 떨어뜨려 확인한다. 묽은 듯하면 다시 졸이는 것이 실패가 적다.

실험처리구

① 기본방법대로 하여 평가한다.
② 기본방법대로 하되, 설탕의 양을 1/2(120g)로 줄인다.
③ 기본방법대로 하되, 설탕의 양을 30% 더 늘린다(360g).
④ 기본방법대로 하되, 레몬즙을 3%(12g) 넣는다.

평가

각 실험처리구의 pH · 당도 · 관능검사를 평가표에 기록한다.

결과

시료	pH	당도 (Brix)	관능특성			
			색	단맛 정도	입안에서의 느낌	전체적인 맛(순위)
기본방법						
설탕을 1/2로 줄인 것						
설탕을 30% 더 늘린 것						
레몬즙을 첨가한 것						

Question

1. 과일의 이용방법에 있어서 잼과 젤리를 만들 때 가장 좋은 방법에 대하여 쓰시오.

고찰 및 소감(참고문헌)

VI
육류

01.
단백질의 구조

① 단백질 구성의 기본단위인 21개의 아미노산(amino acid)이 Peptide 결합으로 연결되어 있다.

② 단백질의 종류에 따라 구성 아미노산의 수, 종류, 결합순서가 다르다.

③ 단백질의 구조에 의해 생물학적 기능이 달라진다.

02.
단백질의 분류

1) 조성에 따른 분류

① 단순단백질: 아미노산만으로 구성된 단백질

② 복합단백질: 단순단백질에 비단백성 물질이 결합(예 지단백질 · 당단백질 등)

③ 유도단백질

ⓐ 단순단백질이나 복합단백질이 물리적 작용(열 · 자외선), 화학적 작용(산 · 알칼리), 효소의 작용 등에 의하여 변성된 것

ⓑ 변화의 정도에 따라 1차 유도단백질, 2차 유도단백질로 구분한다.

2) 생리적 기능에 의한 분류

효소, 저장단백질, 수송단백질, 수축성 단백질, 호르몬, 구조단백질 등으로 분류한다.

3) 구조와 형태에 따른 분류

섬유상단백질, 구상단백질로 구분하고, 출처에 따라 동물성 단백질과 식물성 단백질로 구분한다.

03. 단백질의 변성(Denaturation)

단백질이 물리적·화학적 작용에 의하여 구조가 변하는 것을 단백질의 변성이라 한다.

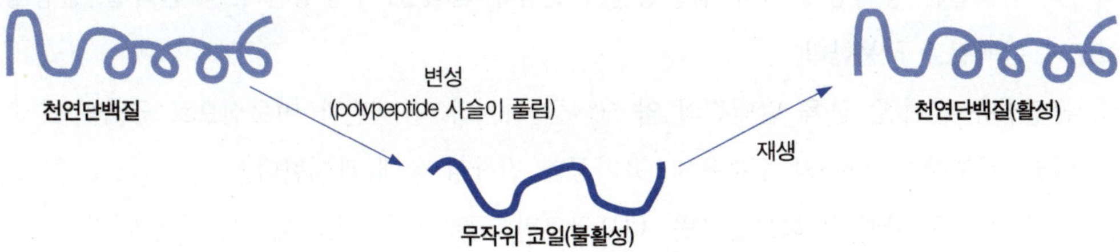

그림 5-6 **단백질의 변성**

1) 변성을 일으키는 원인

① 물리적인 원인: 열, 빛, 가압, 진동, 동결 등

② 화학적인 원인: 강산, 강알칼리, 고농도염류, 유기용매, 중금속 등

2) 단백질 변성의 특징

① 용해도 감소

② 점성 증가

③ 소화 용이

④ 생물학적 활성 손실(효소의 경우 열에 의하여 활성 손실)

3) 단백질 변성의 예

① 달걀 삶기, 불고기

② 우유의 젖산발효에 의한 요구르트 제조

③ Collagen의 Gelatin화

04.

육류의 영양성분

1) 단백질

육류의 단백질은 용해성에 따라 염용성인 근원섬유 단백질, 수용성인 근장 단백질, 불용성인 결합조직 단백질로 구분한다.

① 근원섬유 단백질: 근육 단백질의 약 50%를 차지하고, 엑틴과 미오신으로 근육의 수축과 이완, 사후강직, 식육의 수분유지, 육가공의 결착성 등에 관여한다.

② 근장(근형질) 단백질: 헤모글로빈, 미오글로빈, 글로불린, 미오겐, 핵단백질과 각종 효소

③ 결합조직(육기질) 단백질

ⓐ Collagen · Elastin 등으로 근육조직 · 내장 · 피부 · 혈관벽 · 골격 등에 분포한다.

ⓑ 엘라스틴이 많은 부분은 주로 힘줄로 질기고 딱딱하여 식용하기가 힘들다.

2) 지질

육류의 성분 중 함량과 조성의 변동이 가장 커서 동물의 종류 · 연령 · 성별 · 부위별 · 사육조건 등에 따라 5～40% 정도 차이가 난다.

3) 탄수화물

① 탄수화물은 근육과 간에 글리코겐(glycongen)의 형태로, 혈액 포도당으로 0.5~1.9% 함유
② 글리코겐은 도살 후 해당작용에 의해 거의 소실된다.
③ 글리코겐의 분해속도와 양은 식육의 보수력・색・결착력 등에 중요한 역할을 한다.

4) 무기질

① 근육 중 무기질 함량은 1% 내외, 비교적 양적 변동이 적다.
② P・S・Cl 등이 많고 Ca은 적어 육류는 대표적인 산성식품이다.
③ 무기질은 세포액의 염류농도를 유지하고 효소의 작용에 기여할 뿐만 아니라 고기의 보수성이나 지질의 산패 등에 영향을 미치므로 영양과 육가공 측면에서 매우 중요한 성분이다.

5) 비타민

① 비타민은 그 함량이 적은 편이다.
② 동물의 종류, 연령, 비만도, 사료의 종류 등에 따라 상당히 변화한다.
③ 육류는 비타민 B의 우수한 공급원이고, 지용성 비타민 A・D・C는 적은 편이다.

6) 엑스분(Extractives)

① 넓은 의미의 엑스분: 고기를 물과 함께 가열할 때 용출되는 고기추출물을 말한다.
② ATP, ADP, AMP, IMP, 크레아틴, 구아니딘, 글루타치온, 유리 아미노산, 이노신산, 유기산 등
③ 고기의 맛을 내는 맛난 맛성분으로 알려져 있다.

05.

식육, 지육(Carcass)과 정육

① 식육: 소 · 돼지 · 양 · 염소 등 식생활관습상 통상적으로 사용되는 고기와 식용 가능한 장기류 및 부산물

② 지육: 머리 · 꼬리 · 다리 · 내장 등을 제거한 도체(carcass)

③ 정육: 지육으로부터 뼈를 분리한 고기(정육만을 취급하여 정육점이라 함)

④ 내장: 식용을 목적으로 처리된 간 · 폐 · 심장 · 위장 · 췌장 · 콩팥 · 창자 등

⑤ 기타 부분: 식용을 목적으로 도살된 짐승으로부터 채취 · 생산된 짐승의 머리 · 꼬리 · 다리 · 뼈 · 껍질 · 혈액 등 식용이 가능한 부위

06.

육류의 구조

모든 동물은 근육조직 · 결합조직 · 지방조직 · 뼈로 구성되어 있다.

1) 근육조직

- 골격근: 운동기관으로 뼈에 부착
- 평활근: 소화기관 · 혈관 등 중앙이 비어 있는 기관의 벽을 구성
- 심근: 심장에 존재하는 독특한 형태

(1) 골격근

① 능동적 의지로 조절되므로 수의근(voluntary muscle)이라 하고, 근육의 수축과 이완 수행

② 근육의 구조, 화학적 조성, 기능 등은 고기의 특성 및 숙성, 가공 등에 영향을 미친다.

③ 근육은 액틴(actin) 단백질+미오신(myosin) 단백질 → 근원섬유 → 근원섬유 약 2,000개가

모여 근섬유(muscle fiber) → 근속 → 근육(muscle) → 건(힘줄)에 의해 뼈에 부착된다.

(2) 평활근

① 일명 내장근이라 하여 소화관 · 혈관벽 · 호흡기관 · 생식기관 등에 존재한다.

② 자율신경계의 지배를 받는 불수의근(involuntary muscle)

(3) 심근

① 심장을 구성하는 근육으로 광범위하게 모세혈관이 분포한다.

② 자율신경계의 지배를 받는 불수의근(involuntary muscle)

2) 결합조직

① 근육조직의 20% 이상 차지하고, 건, 인대(뼈와 뼈를 연결), 가죽 등에도 존재

② 결합조직에는 Collagen과 Elastin이라는 단백질을 함유하고 있다.

(1) 콜라겐

매우 질기고 물을 가해 가열(65℃ 이상)하면 가용성으로 Sol상태의 젤라틴(gelatin)으로 된다.

(2) 엘라스틴

① 황색의 탄력성이 있는 섬유로 콜라겐보다 질기고 장시간 가열하여도 부드러워지지 않아 제거한다.

② 엘라스틴은 암컷보다 수컷에 많고 노화에 따라 증가한다.

3) 지방조직

① 지방조직은 특수한 결합조직으로 헐거운 결합조직 내에 지방세포가 여기저기 1개씩 또는 여러 개가 뭉쳐서 흩어져 있다.

② 피하, 장기 주변, 복강 등에 다량 존재하고, 근육 내에 침착되면 맛 · 연도 · 고기결에 영향을 주어 육질을 향상시킨다.

③ 지방세포가 근육 사이에 모여 근육조직이 마블링(marbling)이 형성된 육류는 품질이 좋다.
④ 지방함량은 동물의 나이 · 식이 · 운동량에 영향을 받는다.

4) 뼈

① 뼈의 상태는 동물의 나이에 따라 다르다.
② 어린 동물의 뼈는 연하고 분홍색이며, 성숙한 동물의 뼈는 난단하고 백색이다.
③ 뼈를 장시간 끓여 육수나 곰탕으로 사용한다.

07.
육류의 이화학적 특성

1) 육류의 보수성(Water Holding Capacity: WHC)

① 육류를 절단 · 가열 · 압착 · 냉동 · 해동 등으로 수분을 잃지 않고 보유할 수 있는 능력
② 보수성이 나쁜 육류는 수분과 영양분 손실이 크며, 육류 내의 수분이 유리수로 존재하기 때문이다.
③ 드립 발생 시 수용성 단백질, 비타민, 무기질 등이 손실되고 외관을 불량하게 한다.

2) 육류의 색

① 육류의 색소는 미오글로빈과 헤모글로빈이며, 색의 차이는 미오글로빈의 농도에 따라 다르고 나머지는 혈액의 헤모글로빈에 따라 다르다.
② 헤모글로빈은 폐에서 조직으로 하루 600L의 산소를 운반하고, 미오글로빈은 근육세포에 산소를 보유한다.
③ 헤모글로빈은 헴(heme)과 글로빈(globin)이 결합된 복합 단백질이다.
④ Heme에는 +2가의 철이온이 포함되어 있어 산소와 결합하는데 이용된다.
⑤ 육류가공 시 헤모글로빈 색깔을 유지시키기 위하여 질산칼륨(KNO_3)이나 아질산칼륨(KNO_2)을 넣으면 Nitroso-Hemoglobin으로 되어 선홍색을 유지한다.

$Hb(Fe^{++})+O_2$	↔	$Hb(Fe^{++})\cdot O_2$	→	$Hb(Fe^{+++})$
Hemoglobin	산소화	Oxyhemoglobin	산화	Methemoglobin
(적자색)		(선홍색)		(갈색)

- 미오글로빈은 근육 속에 있는 철을 함유한 색소로 공기 중에 방치하면 산소와 결합하여 Oxymyoglobin으로 변하고 선명한 선홍색을 띠게 된다.
- 육류를 가열하면 회갈색 Hematin이 되고, 육색소를 가열해도 색의 변화를 막으려면 아질산염 넣는데, 이것은 햄이나 소시지를 만들 때 사용된다.
- 육류의 전형적인 색은 쇠고기 선홍색, 돼지고기 회색빛의 핑크색, 닭고기 흰회색의 적색, 양고기 밝은 적색, 말고기 검은 적색 등이다.

$Mb(Fe^{++})+O_2$	↔	$Mb(Fe^{++})\cdot O_2$	→	$Mb(Fe^{+++})$	→	hematin+globin
Myoglobin	산소화	Oxymyoglobin	산화	Metmyoglobin	가열	(갈회색)
(적자색)		(적색)		(갈색)		

08.

육류의 연도(軟度, Tenderness) 및 연화방법

1) 육류의 연도

① 육류의 연한 정도로서 육류를 평가하는 가장 중요한 요소

② 고기를 씹을 때 치아에서 느끼는 정도, 고기가 분쇄되는 정도, 씹은 후 잔유물의 양 등에 의하여 종합적인 느낌으로 결정한다.

③ 연도인자: 근육 중 결합조직량, 근육 단백질의 수화량, 단백질 성질, 근육섬유간 지방함량, 동물의 연령 등

2) 육류의 연화방법

기계적인 방법, 분해효소 첨가, 숙성, 연육소 이용 등이 있다.

(1) 기계적인 방법

① 고기를 갈거나 두드려서 고기의 결체조직을 자르거나 고기섬유의 반대방향으로 자르는 방법
② 불고기나 로스구이에 주로 사용한다.

(2) 분해효소의 첨가

① 단백질 가수분해효소 첨가: 파인애플의 브로멜린(bromelain), 파파야의 파파인(papain), 무화과의 피신(ficin), 키위의 액티니딘(actinidin), 생강 · 배 · 무의 프로테아제(protease) 등
② 육회에 무채나 배 사용, 스테이크 후식으로 파인애플 · 키위 등을 먹는 것도 이와 같은 원리이다.

(3) 조미료 사용

① 식염 첨가: 염을 많이 첨가하면 탈수를 일으켜 질기나 약 1.5%의 식염용액이나 간장으로 조리하면 보수성이 증가하여 연하게 된다. 즉 이는 근원섬유 단백질이 염용해성이기 때문이다.
② 설탕 첨가: 설탕은 단백질의 열응고를 지연시켜 고기를 연화, 너무 많이 첨가하면 질겨진다.
③ pH 변화: 식초 · 포도주 등의 산성식품이나 토마토 첨가 혹은 마리네이드를 적용하면 수화력이 증가하여 연화된다.

(4) 기타

① 숙성: 사후강직 중인 고기를 숙성시켜 연하게 할 수 있다.
② 가열법: 고기를 가열하면 콜라겐의 가수분해로 젤라틴이 변성되어 연해진다.
③ 연육제 첨가: 연육제는 단백질 분해효소를 염과 혼합하여 분말상태로 만든 고기 연화제이다.

마리네이드(Marinade)

식초, 포도주, 향신료를 넣은 액체, 또는 그 액체에 고기나 생선을 담아 절이는 것. 마리네이드는 육류의 연화와 풍미강화의 두 가지 기능을 한다.

09.
육류의 사후강직과 숙성

동물을 도살하면 세포 내에서 신진대사가 중단되고 해당작용이 진행되어 근육이 뻣뻣해진다. 이것을 사후강직 혹은 사후경직이라 한다.

해당작용과 사후강직

동물의 죽음 → 호기적 호흡기능 상실 → 글리코겐의 혐기적 분해로 젖산 생성 → 산성 포스타파아제 활성화로 ATP 분해로 ADP와 무기인산 생성 → 미오신과 엑틴 결합, 엑토미오신 복합단백질 생성 → 사후강직

1) 동물의 도살 후 4단계 변화

도살 → 해당작용 → ① 사후강직(rigor mortis) → ② 해경(release) → ③ 자기분해(autolysis) → ④ 부패(putrefaction)

(1) 사후강직(Rigor Mortis)

① 사후강직된 고기는 신전성 · 탄성이 없고 경직성을 나타내고, 단당류가 소진될 때까지 유지
② 최대 강직이 오는 시간: 어류 1~4시간, 소 12~24시간, 돼지 3일, 가금류 6~12시간
③ 강직 중인 고기는 가공 · 조리하여도 질기고 맛이 없으며, 소화도 잘 안 된다.

(2) 해경(Release)

사후강직에 도달하고 시간이 경과하면 강직현상이 해제되고, 근육은 부드러운 상태가 된다.

(3) 자기분해(Autolysis)

단백질 분해효소 카텝신의 작용으로 단백질이 연화되어 저분자인 아미노산으로 분해된다.

(4) 부패(Putrefaction)

근육에 저분자물질이 형성되면 이를 영양원으로 하는 부패균이 성장하여 고기는 부패된다.

2) 숙성

① 강직기간이 지나면 고기가 점차 연화하여 사후강직이 풀린다. 이때 냉장을 시키면 서서히 연해지고, 즙이 많아지며, 맛이 좋아진다. 이를 숙성이라 한다. → pH 상승, 보수력 증가
② 숙성속도는 고기를 저장하는 온도와 시간에 따라 다르나 보통 냉장온도에서 10~17일이면 고기가 완전히 숙성된다.
③ 숙성기간은 육류의 종류 · 저장온도에 따라 다르며, 저장온도가 높으면 숙성기간은 짧아진다.
④ 저장온도 2~4℃일 때 닭고기 2일, 돼지고기 3~5일, 쇠고기 10일, 저장온도 10℃에서 쇠고기 4~5일이다.

(1) 숙성 중 맛의 변화

① 숙성 중 근육에 존재하는 단백질 분해효소인 카텝신(cathersin)에 의해 자기분해가 일어난다.
② 저분자상태의 펩타이드나 아미노산이 생성되어 맛과 풍미가 좋아지고 보수성이 증가한다.

(2) 보수성 증가요인

① 경직 후기에 미세한 pH 상승에 의한 단백질의 수화증대
② 효소작용으로 생성된 저분자의 수용성 생성물들에 의한 삼투압 증가

(3) 육류맛의 변화원인

① 단백질 가수분해에 의한 아미노산의 생성
② ATP의 분해에 의한 IMP(Inonsine Mono-Phosphate)의 생성
③ 해당작용에 의해 생성되어 축적된 Lactic Acid 등

10.
육류의 품질유지 및 저장

1) 육류의 품질

① 쇠고기: 표면이 밝은 붉은색을 갖고 부드러운 느낌을 주며, 결이 곱고 윤기 있는 것
② 지방: 단단하고 색깔은 흰색에서 연노랑색 범위가 정상이다.
③ 신선하지 않은 살코기: 짙은 붉은색이고, 거칠거칠한 느낌을 준다.
④ 신선한 돼지고기의 살: 회색을 띠는 분홍색이 좋은 것이며, 진한 암적색은 늙은 돼지고기이거나 오래 보관된 고기일 수 있다.

2) 저장

① 냉동: 신선한 고기는 수분이 많고 영양분이 많아 미생물의 번식이 용이하고, 저장을 위해서는 냉동처리한다.
② 단기보관: 1~2일 동안에 소비할 것은 비닐로 포장하여 냉장보관한다.
③ 장기보관: 포장용 봉투나 알루미늄 호일에 한 번 먹을 만큼씩 싸서 냉동보관한다.

표 5-4 육류의 저장기간

육류	냉장실(2~4°C)	냉동실(-18°C 이하)
쇠고기	3~5일	6~12개월
돼지고기	3~5일	6~12개월
쇠고기 간 것	1~2일	3~4개월
돼지고기 간 것	1~2일	1~3개월
내장	1~2일	3~4개월

④ 해동

ⓐ 냉동실에서 꺼낸 후 냉장실에서 12~15시간 정도 자연 해동하는 것이 좋다.

ⓑ 랩으로 싸서 찬 물에 담가 해동하는 것이 영양분의 손실을 막는다.

11.
육류의 가열조리에 의한 변화

① 연한 부위는 고온에서 오래 가열하면 단백질이 응고·수축되어 질겨진다. 따라서 약간 센 불에서 단시간 익힌다.

② 질긴 부위의 단백질인 콜라겐은 물 속에서 오래 가열하면 젤라틴으로 변하여 조직이 연해진다.

③ 육류는 열에 의하여 단백질의 변성, 색의 변화, 보수성의 변화, 향미의 변화 등이 일어난다.

1) 단백질의 변성

① 열에 의하여 단백질의 구조가 변하는 것을 단백질의 변성(denaturation)이라 하며, 불고기·달걀삶기 등과 같이 대부분 비가역적 반응이다.

② 단백질은 Polypeptide 사슬이 입체구조를 이루고 있으나 변성 단백질은 입체구조가 풀린 상태(unfolding)이다.

③ 근섬유는 45°C에서 수축이 시작되어 65°C에서 완전 수축된다.

④ 가열시간이 길수록, 가열온도가 높을수록 근섬유는 더 많이 수축한다. 근육이 수축하면 지방과 육즙이 용출되기 때문에 딱딱해지고 보수성이 감소한다.

⑤ 구이와 같은 조리는 수분과 지방의 손실을 방지하기 위하여 식염처리를 한 후 가열·응고하여 육즙의 유실을 방지한다.

⑥ 결합조직인 콜라겐은 가열하면 65°C에서 젤라틴이 되기 시작하여, 65~80°C에서 빠르게 진행되어 연해진다. → 찜, 조림, 편육, 탕

2) 색의 변화

① 육류가열로 생성된 환원당(포도당 · 맥아당 · 젖당 등)과 아미노산이 마이얄반응으로 식육은 갈변화가 일어난다.

② 결국 육류는 가열로 미오글로빈의 변성과 마이얄반응이 함께 작용하여 색이 변화한다.

미오글로빈(적색) ⟶(숙성) 옥시미오글로빈(선명한 적색) ⟶(가열) 글로빈헤미크롬(회갈색)

3) 중량과 보수성의 감소

① 육류에 함유된 물은 유리수로 근원섬유 단백질의 수화력(水和力)에 의하여 잡혀 있다. 따라서 육류의 절단에 의해서도 유출되지 않는다.

② 쇠고기를 가열하면 30~40℃ 부근에서 단백질의 Polypeptide가 풀어지면서 새로운 이온결합이나 수소결합을 형성하여 응고되면 pH가 등전점(pH 5.5)으로 되어 보수성이 가장 낮아진다.

③ 근섬유는 가열로 수축되고, 근육이 수축하면 지방과 육즙의 용출로 딱딱해지며, 중량과 보수성이 감소한다.

4) 향미의 변화

① 육류의 맛은 육즙 중 맛성분과 조직 중의 지방에 의한 것이다.

② 육즙의 맛성분은 글루탐산 · 이노신산 · 호박산(숙신산) 등이다.

③ 단백질의 변성 · 수축으로 수분과 맛성분이 추출되어 구수한 맛을 형성한다.

④ 지방세포가 파괴되어 근육세포 사이로 퍼져 맛이 좋아진다.

⑤ 지방의 가열 · 산화로 휘발성 물질이 형성되어 고기 특유의 냄새가 난다.

12.
육류의 가공

1) 햄(Ham)

① 햄은 원래 넓적 다릿살인데, 돼지의 뒷다리 부위육(볼기살)을 원료로 한 육제품이다.
② 돼지고기를 소금에 절여 훈연하거나 삶아 독특한 풍미와 보존성을 가진 육가공품이다.

(1) 종류

레귤러햄(regular ham 혹은 bone-in ham, 혹은 뼈햄), 본레스햄(boneless ham, 뼈 뺀 햄), 가열햄(boiled ham), 로인햄(loin ham), 프레스햄(pressed ham) 등이 있다.

(2) 영양분

① 영양분은 단백질과 지질이고, 필수아미노산을 골고루 함유한 양질의 단백질, 우수한 지질이다.
② 비타민류의 함유량은 적다.

(3) 선택 및 보관

① 기재된 중량 · 제조년월일 · 사용첨가물을 확인하고 손가락으로 눌러 탄력이 있는 것이 좋다.
② 10℃ 이하에 보관하고 통째로 냉장고에 보관하면 한 달간 보존이 가능하다.

2) 소시지(Sausage)

돼지고기 · 쇠고기 등의 육류를 염지(curing)한 후 갈아 동물의 창자나 인공케이싱(casing)에 채워 삶거나 훈연처리하여 만든다.

(1) 종류

수분함량에 따라 도메스틱(domestic) 소시지와 드라이(dry) 소시지로 구분한다.

① 도메스틱 소시지: 원료육을 작게 썰어 염지하고 첨가물 등을 가하여 잘 섞은 다음 케이싱에 채워 끓는 물에 삶는다. 바로 먹을 수 있도록 한 것으로 장기저장보다는 풍미에 중점을 둔다(예 후랑크〈franks〉, 비엔나〈vienna〉, 포크〈pork〉 소시지 등).

② 드라이 소시지: 케이싱에 채운 다음 훈연하여 건조시킨 것(예 살라미〈salami〉, 세르브렛〈cervelat〉, 모타델라〈mortadella〉 소시지 등)

(2) 소시지 케이싱(Casing)

① 천연 케이싱: 돼지·소·양의 내장 등은 통기성과 신축성이 좋고 식용이 가능하나 저장기간이 짧고 위생적인 취급이 필요하며, 강도가 약하다.

② 가공 케이싱(재생 천연 케이싱): 콜라겐 케이싱, 강도가 좋고 규격이 일정하나 가격이 비싸다.

③ 셀룰로즈 케이싱: 투과성이 있어 훈연건조 등이 가능하나 저장성이 낮다.

④ 플라스틱 필름 케이싱: 보존성이 좋고 가격이 싸나 투과성이 없어 훈연건조가 불가능하다.

3) 베이컨(Bacon)

① 돼지의 삼겹살 부위를 골라 염지한 후 훈연한 제품으로 수분 60% 이하, 조지방 45% 이하의 것을 말한다.

② 종류: 돼지의 부위에 따라 분류하는데, 베이컨류(복부육), 로인베이컨(등심육 또는 복부육이 붙어 있는 등심육), 숄더 베이컨(어깨 부위육) 등이 있다.

13.
육류 고르는 요령

1) 쇠고기

① 육색이 선홍색이거나 밝고 붉은 빛을 띠는 것이 좋다.

② 지방이 쇠고기에 섞여 있거나, 붙어 있는 지방의 색깔이 하얀색일수록 좋다.

③ 쇠고기는 냉장상태에서 숙성될수록 육질이 연해지므로 약간 암적색을 띠어도 새로 절단된 면의 색이 밝고 윤기가 나면 상관없다.

④ 살코기 속에 마치 서리가 내린 것처럼 지방이 박혀 있는 고기, 즉 마블링(marbling)이 잘 된 고기가 육즙이 고루 배어 부드럽고 향미가 뛰어나다.

2) 돼지고기

① 육색이 연분홍빛을 띠는 것이 좋다.

② 부위에 따라 너무 짙은 색을 띠는 것은 질기고 맛이 없으며, 전체가 누런 것은 오래된 것이다.

③ 지방층이 붉거나 부분적으로 변색된 것, 물렁물렁한 것은 피한다.

④ 지방이 희고 윤기가 있으며 단단하고 끈기가 있어 썰 때 고기가 칼에 달라붙는 것이 좋다.

3) 닭고기

① 닭고기는 갓 잡은 것일수록 맛있다.

② 고기가 단단하고 껍질이 투명하며 크림색을 띠고 털구멍이 울퉁불퉁 튀어 나온 것이 좋다.

14.

육류의 등급

우리나라는 육류 질에 따른 등급제가 실시되고 있으나 아직 미미하다.

1) 육류의 등급을 결정하는 요소

① 질: 고기의 맛, 외관적 조건, 동물의 구조

② 고기 양: 절단 성형한 부분에 가식할 수 있는 고기의 양

2) 우리나라 육질등급 판정기준

5등급, 즉 근내지방도(marbling), 육색, 지방색, 조직감, 성숙도에 따라 1^{++}, 1^{+}, 1, 2, 3의 5개 등급으로 구분된다.

① 근내지방도: 배최장근단면에 나타난 지방분포 정도

② 육색: 배최장근단면의 육색에 의한 등급(정상 No 2~No 6)

③ 지방색: 배최장근단면 근내지방, 주위 근간지방과 등지방 색깔에 의한 등급(정상 No 1~No 6)

④ 조직감: 등급판정부위에서 배최장근단면의 보수력과 탄력성

⑤ 성숙도: 왼쪽 반도체 척추 가시돌기에서 연골의 골화 정도

15.

쇠고기의 각 부위별 특징과 조리

1) 안심(Tender Loin)

① 등뼈를 따라 안쪽에 양쪽으로 나란히 붙어 있는 부위

② 가장 연하고 지방이 적어 담백하고 독특한 맛이 난다.

2) 등심(Sirloin): 윗등심살, 아래등심살, 꽃등심살, 살치살

① 등심은 갈비 전체의 위쪽 등뼈 앞으로 형성되어 있는데 양옆으로 대칭되어 2개 부위가 있다. 마블링(marbling)으로 품질이 결정되고, 서리가 내린 것처럼 지방이 고르게 분포된 것이 질 좋은 등심이다.

② 안심에 비하여 지방질이 많고 지방분과 줄기가 부분적으로 몰려 있는 곳도 있으며, 두껍게 써는 요리에는 적당하지 않다.

(1) 윗등심살(Butt Sirloin)

앞쪽(1~5 흉추부위) 등심에 해당된다. 불고기용으로 최고이며, 생등심구이 · 산적꼬치 · 너비아니 등에 적당하다.

(2) 아래등심살(Bottom Sirloin)

뒤쪽(6~13 흉추부위) 등심에 해당된다. 너비아니 및 로스편채용으로 적합하다.

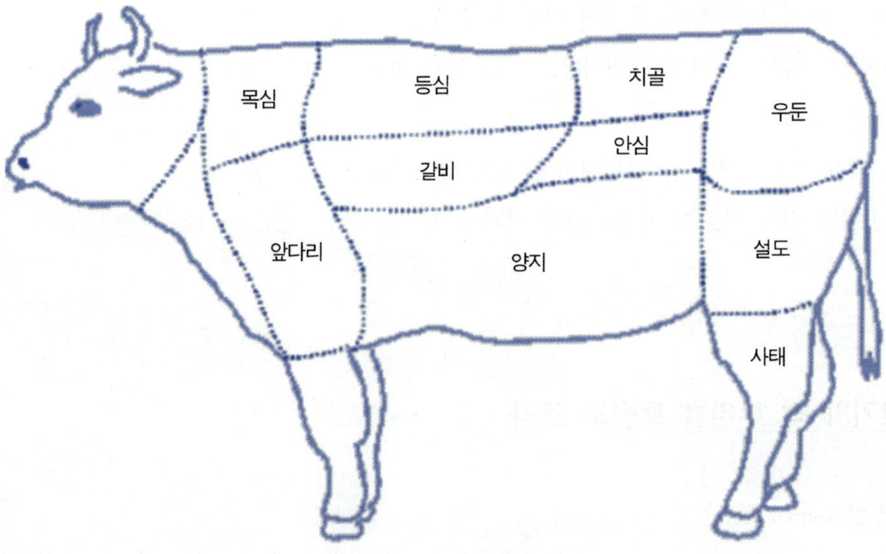

그림 5-7 **소의 부위별 명칭**

표 5-5 **소고기의 각 부위와 용도**

대분할 (10개 부위)	소분할 (29개 부위)	용도
안심	안심살	스테이크, 로스구이
등심	윗등심살, 아래등심살, 꽃등심살, 살치살	불고기, 전골, 로스구이
채끝	채끝살	스테이크, 로스구이
목심	목심살	구이, 불고기
앞다리	꾸리살, 갈비덧살, 부채살, 앞다리살	육회, 탕, 장조림, 불고기
우둔	우둔살, 홍두깨살	산적, 장조림, 육포, 불고기
설도	보섭살, 설깃살, 도가니살	산적, 장조림, 육포
양지	양지머리, 업진살, 차돌박이, 치맛살	국거리, 스튜, 분쇄육
사태	아롱사태, 뭉치사태, 앞사태, 뒷사태	육회, 탕, 스튜, 찜
갈비	갈비, 마구리, 토시살, 안창살, 제비추리	찜, 탕, 구이

(3) 꽃등심살

꽃등심은 모든 소에 있는 것이 아니고 등심부위 중 대리석 무늬(marbling)가 꽃모양처럼 고루 퍼져 있는 경우에만 해당되는 부위다(최상의 육질).

(4) 살치살(Bottom Sirloin Triangle)

① 윗등심살과 어깨부위 밑의 살로 삼각형으로 생긴 부위이고, 마블링은 없으나 육즙이 많아서 촉감이 좋아 생고기구이용으로 좋다.

② 등심에서 이어지는 허리부분의 고기로 등심과 비슷한 단일근육이다.

③ 지방이 적고, 육질이 부드럽고 모양이 일정하여 상품화가 쉽다.

→ 치맛살: 스커트 모양으로 양지에 넣는 수도 있다.

3) 목심

① 목심은 여러 개의 다양한 근육이 모여 있다. 두꺼운 힘줄이 여러 갈래로 갈라져 표면에 나타나 있어 약간 질기지만 지방이 적당히 박혀 있어 풍미가 좋다.

② 스테이크 · 구이 · 불고기 등에 사용

4) 앞다리(전각): 꾸리살, 갈비덧살, 부채살, 앞다리살

고기결이 곱고 힘줄이나 막이 많이 있어 부분적으로 약간 질기나 불고기·장조림·탕·육회·스튜 등으로 사용된다.

(1) 꾸리살

앞다리의 목방향(상단부) 부위 근막과 머리방향의 인대를 제거한 후 썰어 육회나 잡채용, 철판구이, 로스용, 불고기 혹은 국거리나 장조림용으로 이용한다.

(2) 갈비덧살

앞다리에서 근육운동이 적고 근육 사이의 지방도 고르게 잘 분포되어 육질이 비교적 연하고 맛도 좋아 구이나 전골 및 샤브샤브용으로 이용한다.

(3) 부채살(부채덧살)

① 앞다리의 복부방향(하단부) 부위로 육질이 비교적 연하여 구이용으로 많이 이용한다.
② 최상급 암소의 부채살은 스테이크나 숯불구이·석쇠구이용으로 이용한다.

(4) 앞다리살

앞다리운동이나 앞쪽 몸무게를 지탱하는 근육부위로 혈관과 근막이 많고 색이 다소 짙은데 육질은 질긴 근육과 부드러운 근육이 혼합되어 있다.

5) 우둔육(Top Round): 우둔살, 홍두깨살(Rump)

① 소의 "엉덩이살"을 말한다.
② 단일근육으로는 가장 큰 둥근 모양의 고기뭉치로 "뭉치" 또는 "뭉치살"이라고도 한다.
③ 홍두깨살은 우둔부위 중 안쪽에 있는 단일근육을 말한다.
④ 연하기 때문에 얇게 썰어 육회나 구이로 이용한다.
⑤ 용도: 산적, 장조림, 육회, 불고기

6) 설도: 보섭살, 설깃살, 도가니살

뒷다리 중 넓적다리 앞쪽과 위쪽에 붙어 있는 "궁둥이살"이다.

(1) 보섭살(혹은 대접살)

채끝과 연결되는 부분으로 살코기가 쟁기의 보습모양을 하고 있어서 붙여진 이름이다.

(2) 설깃살

① 배설기관(排泄器官)이 있는 부위라는 설기(泄器)에서 비롯된 말이다.
② 보습살이나 설깃살은 고기결이 연해서 구이용으로 좋다.

(3) 삼각살

설깃살 중 꼬리뼈 주위에 있는 삼각형 모양의 근육은 별도로 "삼각살"이라고 부르기도 한다.

(4) 도가니살

① 소의 뒷다리 윗사골(大腿骨)을 감싸고 있는 근육으로 살코기가 "독 안에 든 것" 같은 둥근 덩어리로 되어 있다.
② "도가니뼈"는 도가니살 밑에 붙어 있는 물렁뼈를 말한다.
③ 무릎의 뼈와 뼈골을 보호하는 역할을 하는데, "무릎도가니"는 도가니뼈와 도가니살을 함께 부르는 말이다.
④ 고기질은 우둔과 유사하다.

7) 양지(Basket & Flank): 양지머리, 차돌박이, 업진육, 치마살

(1) 양지머리

소의 앞가슴에 붙은 뼈와 살인데, 맨 앞쪽에 단단한 지방과 살로 뭉쳐진 부위로 국거리용으로 이용한다.

(2) 차돌박이

① 양지머리뼈 복판에 붙은 희고 단단한 단백질 · 지방조직
② 육질이 돌과 같다고 하여 붙인 이름으로 하얀색을 띠며, 구울 때 독특한 풍미를 낸다.

(3) 업진육

① 중간부위(7번 갈비) 하단의 뱃살로 치맛살의 일부이고, 앞쪽에 위치한다.
② 지방과 붉은 살코기가 층을 이루고 있어 수프를 맛있게 만들고자 할 때 이용한다.
③ 네모지게 썰어 카레 · 스튜 · 국거리 등 삶는 요리에 이용한다.

(4) 치맛살

① 7번 갈비 뒤쪽 하단부의 업진육과 붙어 있는데, 주름치마와 같아 치맛살이라고 한다.
② 결이 일정하고 기름층과 살이 교차되어 육즙이 맛이 있어 국물을 내는 요리에 이용한다.

8) 사태육(Shin / Shank): 아롱사태, 뭉치사태, 앞사태, 뒷사태

앞다리 전완골, 뒷다리의 하퇴골을 둘러싸고 있는 작은 근육들로 앞다리와 우둔부위 하단에서 분리하여 정형한 것이다.

(1) 아롱사태

뭉치사태 안쪽에 있는 단일근육으로 아킬레스건에 이어진 근육을 따라 뭉치사태 하단부에서 상단부까지 절개 후 분리 정형한 것으로 육회나 구이의 쫄깃한 맛을 낸다. 생산량이 적어 희소가치가 높다.

(2) 뭉치사태

대퇴골 하단부의 무릎관절을 감싸고 있는 비복근으로 된 부위이고, 뒷사태와 분리 정형한 것으로 여러 덩어리가 뭉쳐져 있는 것처럼 생겼다 하여 붙은 이름이다.

(3) 앞사태

앞다리의 전완골을 감싸고 있는 여러 근육들로 근막을 따라 앞다리에서 분리 정형한 것이다.

(4) 뒷사태

뒷다리의 하퇴골을 감싸고 있는 여러 근육들로 근막을 따라 우둔에서 분리 정형한 것이다.

9) 갈비(Ribs): 갈비, 갈비마구리, 토시살, 안창살, 제비추리

① 갈비뼈는 13개로 앞다리쪽을 1번으로 1번~13번까지 있고, 등쪽 마구리와 갈비 안쪽의 막(제비추리 · 안창살 · 토시살)을 제거한 정리된 갈비만을 뜻한다.
② 지방이 많으나 부드럽고 흰서리 같은 부분이 많을수록 품질이 좋다.
③ 구이나 찜 · 탕에 이용한다.

(1) 갈비마구리

① 국내에서 유통되는 갈비짝은 갈비마구리 부위까지를 일컫는데, 갈비마구리는 등쪽 부위의 등심을 떼어내고 아랫부위의 양지를 떼어내어 살이 별로 없는 것이 특징이다.
② 육수나 갈비탕에 이용한다.

(2) 토시살

① 안창살의 척추 인접한 가장 두터운 부분(횡경막 부위의 살)으로 토시 같이 생겼다 하여 붙여진 이름이다.
② 구이용으로 이용하고, 토시살은 소 한 마리를 잡으면 한 근 정도밖에 나오지 않는 최고급 부위다.
③ 어른 주먹만큼만 나오기 때문에 경북지역에서는 주먹시라고 부르고, 경남에서는 안거미라고도 부른다.
④ 마블링이 많지 않은데도 입안에서 살살 녹는다.

(3) 안창살

① 소의 횡격막(돼지의 갈매기살)으로, 안창살이라는 것은 창문 안쪽의 커튼 윗부분의 주름살처럼 생겼다 하여 붙여진 이름이다.

② 질기기는 하나 씹는 촉감과 육즙향이 매우 좋아 구이용으로 이용한다.

(4) 제비추리

① 목뼈(경추)에 접해 있는 긴 근육으로 등뼈의 안쪽에서 갈비뼈와의 이음부위에 있는 살이다.

② 즉 등쪽의 1번 갈비와 6번 갈비 안쪽에 붙어 있는 살로, 제비추리라는 말은 제비가 날개를 편 것같이 날씬하고 긴 고기 같다고 하여 붙여진 이름으로 구이용으로 이용한다.

반추위(反芻胃, Ruminant Stomach)

혹위(1번위, 양 혹은 곰양, 양곱창) → 벌집위(2번위) → 식도 → 입 → 겹주름위(3번위, 천엽) → 주름위(4번위, 막창 혹은 홍창) → 소장(곱창)

- 소의 위는 4개인데, 소처럼 4개의 위를 되새김위 또는 반추위라고 한다.
- 특히 혹위에는 미생물이 공생하여 풀의 셀룰로즈를 분해한다.
- 1~2번 위는 주로 내장탕 같은 탕용으로 쓰인다.
- 1번 위는 양, 혹은 곰양이란 이름으로 불리는데, 덩어리 자체도 크고, 시커먼 융털로 덮여 있다.

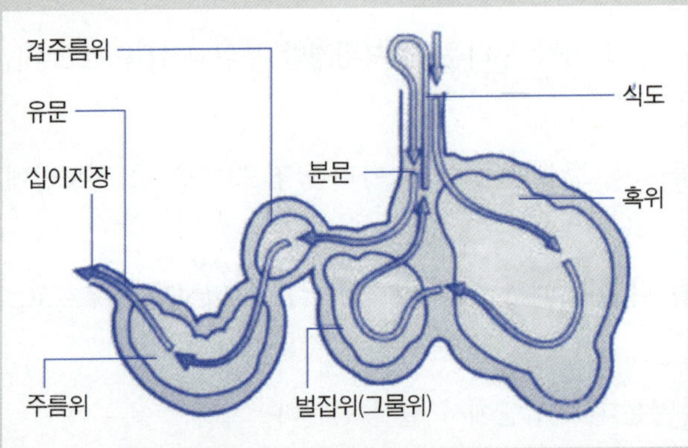

반추위

- 2번 위는 벌집과 같은 모양이다. 그래서 이름이 벌집위다.
- 3번 위는 천엽이라 불리는데, 원래는 처녑이 맞는 말이다.
- 4번 위는 막창 · 홍창이란 이름으로 유통된다. 생물학적인 용어로는 주름위라고 한다.

16.

돼지고기의 각 부위별 특징과 조리

1) 등심(Loin)

표피쪽에 두터운 지방층이 덮인 단일근육으로 고기의 결이 고운 편이다.

2) 목살(Shoulder Loin)

등심 끝에서 목쪽으로 이어지는 부위로 지방분포가 적당하여 연하고 감칠맛이 난다.

3) 안심(Tender Loin)

허리부분 안쪽에 위치하며, 안심 주변은 약간의 지방과 밑변의 근막이 형성되어 있어 육질은 부드럽고 연하다.

4) 갈비(Ribs)

총 13개의 갈비 중 첫 번째에서 다섯 번째의 갈비로, 근육 내 지방이 잘 박혀 있어 담백한 맛이 특징이다.

5) 갈매기살(Skirt Meat)

① 돼지의 횡격막과 간(肝) 사이에 있는 근육질의 힘살로 횡격막에 붙은 살이다.

② 기름이 없고 부드러우면서 쫄깃한 맛을 내기 때문에 귀한 육질로 친다. “가로막살” 또는 “안창고기”라고 한다.

③ 쇠고기는 안창살로 부르고, 돼지 한 마리에서 4~500g 정도 나온다.

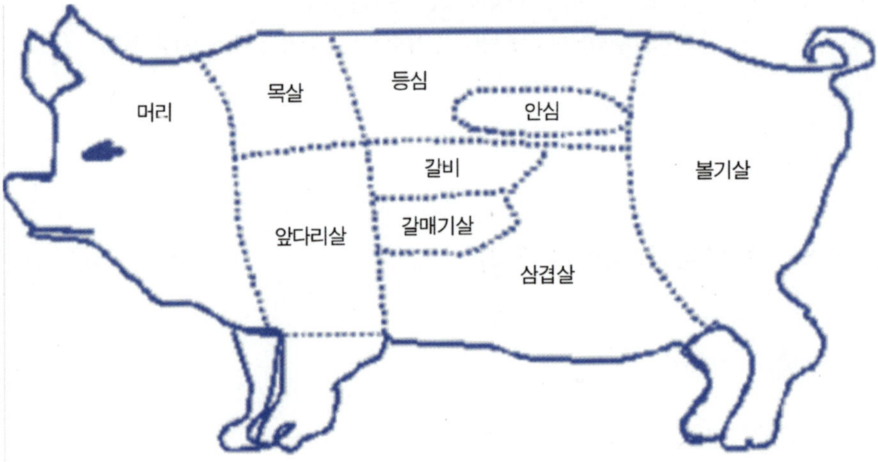

그림 5-8 **돼지의 부위별 명칭**

6) 앞다리살(Picnic)

어깨부위에서 앞다리에 있는 부위로 근육이 잘 발달하고 지방이 적당하여 여러 가지 용도로 사용한다.

7) 삼겹살(Belly)

배쪽에 위치한 살로 돼지의 갈비뼈에 붙어 있어 고기의 두께가 얇고 기름이 많다.

표 5-6 **돼지고기의 각 부위와 용도**

부위	용도
등심	폭찹, 돈가스, 스테이크
목살	보쌈, 로스구이, 주물럭, 소금구이
안심	탕수육, 구이, 로스, 스테이크
갈비	바비큐, 불갈비, 갈비찜
갈매기살	구이, 전골, 수육
앞다리살(전지)	불고기, 찌개, 수육, 보쌈
삼겹살	구이, 바비큐, 베이컨 주원료
볼기살	튀김, 불고기, 장조림

8) 볼기살(Ham)

뒷다리살로 살집이 두터우며, 지방이 적은 편이다.

> **사태(Shank)**
>
> 다리를 감싸고 있는 근육으로 지방이 적어 육질이 치밀하다. 수육 · 보쌈 · 장조림 · 찜 등에 이용한다.

17.
육류의 조리

1) 습열조리

① 콜라겐과 같은 결합조직이 많은 육류는 다량의 물을 사용하여 조리하면 젤라틴으로 변하여 수용성이 된다.

② 육류 중 결합조직이 많은 장정육 · 사태육 · 꼬리 · 양지머리 · 도가니 등은 습열조리를 이용한다.

③ 한식의 탕 · 조치 · 찜 · 수육 · 전골 등과 양식의 브레이징(braising), 스튜잉(stewing), 시머링(simmering), 스티밍(steaming), 보일링(boiling), 포칭(poaching) 등의 조리법이 습열조리에 속한다.

(1) 탕 혹은 국

① 탕(국)은 한국의 기본적인 반상차림에는 빠질 수 없는 요리이다.

② 탕요리는 수용성 단백질, 엑기스 등 여러 성분이 우러나야 하므로 소금간은 나중에 한다.

③ 탕은 또 별개의 요리로 반상에 오르지 않고 밥을 말아서 하나의 요리가 되는 탕반의 형식으로도 조리된다. 즉 곰탕 · 설렁탕 · 장국밥 등이 대표적인 탕반이다.

④ 탕의 간은 간장으로 하는 것이 원칙이나 설렁탕처럼 소금으로 간을 하는 경우도 있다.

ⓐ 설렁탕: 소의 여러 부위를 함께 넣고 푹 끓인 국으로, 소머리 · 사골 · 도가니 외에 뼈 ·

사태 · 양지머리 · 내장 등을 이용한다.

ⓑ 갈비탕: 소의 갈비뼈를 넣고 끓인 국

ⓒ 곰탕: 주로 소의 꼬리나 사골(소의 네 다리뼈) 또는 우족을 넣고 끓인 탕으로 닭을 사용하는 닭곰탕도 있다.

ⓓ 도가니탕: 도가니(소 무릎뼈)를 넣고 끓여낸 국

(2) 조치(찌개)

① 국보다 국물을 적게 하여 끓인 요리로 간을 한 식품에 따라 고추장 · 된장 · 새우젓찌개 등이 있다.

② 재료에 따라 육류찌개 · 생선찌개 · 두부찌개 등으로 나누어진다.

(3) 찜

① 육류나 생선 및 채소에 양념을 하여 물을 넣고 푹 익혀 재료의 맛이 우러나고 약간의 국물이 있도록 한 요리이다.

② 고기를 볶다가 물을 붓고 7분 정도 익힌 후 간장 · 설탕 · 후춧가루 · 파 · 마늘로 양념하여 약한 불에 오래 익힌다.

③ 고기를 익힐 때 표고버섯 · 느타리버섯 · 무 · 토란 · 감자 등을 넣어 끓이면 고기의 누린 냄새가 없어지고, 뼈에서 고기가 스스로 떨어질 만큼 익으면 골수성분이 우러난다.

④ 생선찜은 그대로 끓이면 살이 흐트러질 염려가 있으므로 표면에 밀가루와 달걀을 씌워 잠깐 지진 다음 장국을 붓고 양념장과 고명을 넣어 끓인다.

(4) 수육

① 수육은 고기를 덩어리째 삶은 것이고, 편육은 수육을 눌러 굳힌 다음 얇게 저며 썬 것이다.

② 고기를 담백한 맛으로 먹을 수 있는 찬 요리로 양지머리편육 · 사태편육 · 제육편육 등이 있다.

③ 족편은 소 족 · 가죽 · 꼬리 등을 푹 고아서 단백질이 녹으면 고명을 넣어 응고시켜 얇게 썰어서 요리한다.

ⓐ 쇠고기 편육: 양지육(양지머리) · 사태육 · 우설 · 업진육 · 쇠머리 · 장정육 · 족 등을 이용한다.

ⓑ 돼지고기 편육: 삼겹살 · 돼지머리 · 족 등을 이용한다.

(5) 전골

① 쇠고기 · 돼지고기 · 내장 등을 잘게 썰어 양념하여 채소를 섞어서 냄비나 전골틀에 담고 국물을 조금 부어 즉석에서 볶으며 먹는 음식이다.

② 전골은 한국의 전통적인 요리법으로 음식상 옆에 화로를 놓고 그 위에 전골틀을 올려놓고 볶으면서 먹는 것을 말하며, 부엌에서 국물을 조금 붓고 미리 끓여서 올리면 "조치" 또는 "찌개"라고 한다.

③ 전골은 원래 궁중음식에서 전수된 것으로 잔칫상이나 주안상을 차릴 때 곁상에 재료와 참기름 · 장국 등을 준비하여 즉석에서 볶아 대접하는 것이므로 뜨겁고 알맞게 익혀 먹을 수 있어 매우 특색 있는 요리법이다.

④ 전골의 종류에는 쇠고기전골 · 생선전골 · 낙지전골 · 생굴전골 · 두부전골 · 송이전골 등이 있다.

(6) 데치기(Blanching)

끓는 물에 짧게 조리하는 방법과 찬 물에 서서히 끓여 짧게 조리하는 방법이 있다.

① 끓는 물에 짧게 조리하는 것: 야채와 감자 조리에 사용하며, 기공을 닫아주어 색과 영양을 보전하기 위해서이다.

② 찬물에 서서히 끓여 짧게 조리하는 것: 뼈, 자른 고기, 절인 고기, 햄 등을 조리하는데 표면의 불순물 제거와 피 등을 빼내고 강한 맛을 덜하게 한다.

(7) 브레이징(Braising)

① 습열조리와 건열조리의 혼합으로 팬이나 오븐에서 약간 뜨거운 기름에 고기를 갈색으로 한 후 물이나 스톡을 넣고 뚜껑을 덮어 익을 때까지 낮은 온도에서 오랫동안 끓인다.

② 고기의 표면이 마르지 않도록 구우면서 국물이나 스톡을 끼얹어 주거나 냄비에 고기나 야채를 넣고 볶으면서 국물을 뿌리기도 한다.

③ 포트 로스트 비프(pot roast beef), 스위스 스테이크(swiss steak), 폭찹(pork chop)은 Braising 요리이다.

ⓐ 포트 로스트 비프(pot roast beef): 약한 불에 천천히 찜을 한 쇠고기 덩어리 또는 그 요리

ⓑ 스위스 스테이크(swiss steak): 쇠고기에 밀가루를 묻혀 양파 · 토마토 등과 함께 익힌 요리

ⓒ 폭찹(pork chop): 돼지고기에 빵가루를 입혀 구운 것으로 돈가스와 비슷하다.

(8) 스튜잉(Stewing)

① 습열조리와 건열조리의 혼합으로 한식의 찜과 유사한 것으로 국물 있는 서양찌개요리이다.

② 브레이징보다 낮은 온도에서 서서히 조리하는 방법

③ 쇠고기의 경우에는 주로 결합조직이 많은 부위를 이용하여 기름에 Saute한 다음 냄비에 담고 소스나 스톡을 부어 천천히 끓이다가 익으면 야채를 넣어 마무리한다.

(9) 시머링(Simmering)

① 포칭과 삶기의 혼합 조리방법으로 95~98℃ 정도에서 뚜껑을 덮지 않고 천천히 끓이는 방법이다.

② 먼저 육류나 뼈를 끓는 물에 Blanching한 후 찬 물이나 스톡으로 단백질이 파괴되지 않게 뚜껑을 열고 천천히 끓인다.

(10) 스티밍(Steaming)

① 증기를 사용하여 조리하는 방법으로 야채류를 조리할 때 많이 사용한다.

② 압력을 가하는 방법과 압력을 가하지 않는 방법이 있다. 물에 조리하는 것보다 풍미나 영양적으로 좋다.

소테, 보일링, 포칭, 스톡

소테(Saute: 순간 볶음)

- 적은 기름이나 버터 등으로 살짝 튀긴 요리방법

• Pan Frying이나 Shallow Frying이라고도 부른다.
• 잘게 썬 고기류나 야채 등은 팬을 자주 돌리면서 조리해야 하며, Steak · Cutlet · Fish 등은 팬을 흔들지 않고 색깔이 나도록 조리한다.

보일링(Boiling)

• 감자 · 뼈 · 건조야채: 물을 흡수하여 표면을 부드럽고 골고루 조리하기 위하여 찬 물에 뚜껑을 덮고 끓인다.
• 맑은 Stock, 고기, 젤리: 찬 물이나 스톡(stock)에 뚜껑을 열고 빨리 끓인다.
• 스파게티 · 마카로니 등: 전분이 젤라틴화되어 서로 붙지 않게 하기 위해서 끓는 물에 뚜껑을 열고 빨리 끓인다.
• 야채: 비타민 · 무기질 · 색깔 등을 유지하기 위해서 끓는 물에 뚜껑을 열고 빨리 끓인다.
• 쇠고기 · 양고기 등: 뜨거운 물이나 스톡에 뚜껑을 열고 천천히 끓인다.
• 쇠고기나 닭고기 등은 표면의 불순물을 제거하고, 단백질의 유실을 방지하기 위하여 끓는 물에 2~3분간 넣었다 건져낸 다음 다시 끓인다.

포칭(Poaching)

• '데친다'라는 뜻으로 달걀이나 생선 · 채소 등을 비등점 이하(80°C)의 물이나 스톡에서 천천히 끓이는 방법
• 온도는 80°C를 넘지 않게 하여 단백질 파괴를 줄이고 건조와 딱딱함을 방지하기 위하여 천천히 조리한다.

스톡(Stock)

• 고기나 뼈를 장시간 끓여서 여러 성분이 우러난 것으로 우리나라 육수에 해당
• Brown Stock: 주로 쇠고기를 Oven이나 프라이팬에 볶아서 만든 육수
• White Stock: 육류 또는 뼈를 볶지 않고 만든 육수
• Consomme: 육류와 여러 야채를 오랫동안 푹 삶아 거른 것으로 아주 맑은 국물

2) 건열조리

① 한식의 적 · 전 · 구이 · 튀김, 양식의 Baking · Roasting · Broiling · Grilling 등과 같이 물을 사용하지 않고 직간접 열에 의하여 조리하는 방법
② 결합조직이 없는 연한 부위의 고기조리에 주로 사용한다.

(1) 적(炙)

① 적은 육류 · 생선 · 채소 등을 양념하여 지지거나, 대꼬챙이에 꽂아 굽거나 프라이팬에 조리한 것이다.

② 서양요리의 Broiling 또는 Pan-broiling에 해당한다.
③ 주재료에 따라 불고기산적 · 버섯산적 · 두릅산적 등으로 부르고, 한 가지보다는 색과 맛이 어우러지는 두세 가지 재료를 함께 꿰어 굽는 것이 좋다.
④ 장산적 · 섭산적 · 잡산적 등은 조리법이 약간 다르며, Pan-broiling보다 Pan-frying에 속한다.

(2) 전(煎)

① 전유어(煎油魚) 또는 저냐라고도 하고, 궁중에서는 전유화라고 하였다.
② 재료에 밀가루와 달걀물의 옷을 입혀 부치는 것이 특색이다.
③ 종류는 재료에 따라 감자전, 대합전, 간전, 생선전, 굴전, 애호박전, 풋고추전, 파전, 부추전, 김치전, 표고전 등이 있다.
④ 사투리: 찌짐, 부침개

(3) 구이

① 구이는 조리법 가운데 가장 기본이 되는 것으로, 주재료에 따라 불고기 · 생선구이 · 더덕구이 · 김구이 · 곱창구이 등이 있으며, 양념에 따라 소금구이 · 양념장구이 · 고추장구이 등이 있다.
② 고기를 연하게 잔칼질한 다음 양념장에 재워두어 간이 충분히 배었을 때 굽는다.
③ 고추장양념구이는 2번 굽는다. 먼저 기름과 소금을 발라 굽고 고추장양념을 발라 다시 굽는다. 처음부터 고추장양념을 바르면 겉은 타고 속은 익지 않는다.
④ 고기는 강한 불에 익혀야 맛이 있다. 석쇠가 뜨거워진 후 구이를 하면 고기 닿는 부분이 응고 · 수축 · 건조하여 고기가 석쇠에 붙지 않는다.

(4) Roasting - 굽기

① 오븐으로 고기를 굽는 조리방법
② Roasting은 근본적으로 베이킹과 같은 조리법이나, 다른 점은 음식을 익히는 동안 때때로 육수나 주스 등을 발라 맛이 스며들고 음식물 표면이 마르지 않도록 조리하는 것이다.
③ 조리방법 중 가장 힘들고 우수한 방법으로 육류나 가금류를 통째로 혹은 큰 덩어리의 지방

부분을 위로 하여 오븐에 굽는 방법으로 Prime Rib, Sirloin, Lamb, Turkey, Chicken 등을 조리하는 데 많이 이용한다.

Baking(오븐 굽기)

- 오븐의 복사열과 뜨거운 공기의 대류에 의해서 굽는 방법으로 제과제빵분야에서 많이 이용한다.
- Pasta Dish류, Bread류, Pastry류, Cake류 등에 많이 사용하는 방법이다. 감자나 Ham을 조리할 때도 이 방법을 많이 쓴다.
- 식품을 오븐에 넣고 350~450°F의 건열로 조리하는 방법이다.

(5) Broiling과 Grilling－굽기

① 직화로 굽는 조리법으로 바비큐나 불고기와 같이 조리하는 것

② Broiling(석쇠구이): 석쇠 위에 고기를 얹어 직접 굽는 방법인데, 아래로 내리는 열을 이용한 Under Heat 방법과 Salamanda 구이법, 위로 오르는 열을 이용한 Over Heat 방법, 양측의 열을 이용한 토스트 구이와 같은 Between Heat 방법이 있다.

③ Grilling(철판구이): Grilling은 넓은 철판을 이용하여 육류나 생선·가금류·전유어 등을 가열된 금속의 면에 구워내는 간접구이방법

(6) Pan-broiling

① Pan-broiling는 프라이팬을 뜨겁게 한 후 기름을 둘러서 조리한다. 조리 시 고기에서 수분과 기름이 나오지만 소량의 기름을 둘러서 지진다.

② Bacon은 처음부터 프라이팬에 얹어 약한 온도로 지진다. 한꺼번에 많은 양을 지지면 기름이 너무 많이 나오므로 빨리 바삭바삭해지지 않아 소량씩 지진다.

③ Pan-broiling에 속하는 한국요리는 적·누름적전 등이 있다.

(7) Pan-frying

① 프라이팬에 소량의 기름을 둘러 지지거나 볶는 조리법

② 기름에 고기를 갈색으로 볶은 후 물을 붓고 뚜껑을 덮고 끓이면 Braising이 된다.

(8) Deep Frying(튀기기)

① 소량의 기름을 사용하면 Pan-frying, 다량의 기름에 튀기면 Deep-frying

② 튀김온도는 170~190℃가 좋으며, 기름은 93℃ 정도로 맞추어 놓았다가 조리할 때 온도를 높인다.

③ 식품을 한꺼번에 많이 넣지 않도록 주의한다. 온도가 급속히 내려가면 식품에 기름이 많이 흡수된다.

④ 대표적인 요리: 크로켓(croquettes), 커틀릿(cutlet), 탕수육, 덴푸라 등

ⓐ 크로켓(프랑스어: croquette, croquet): 닭·날짐승·생선·새우 같은 것을 다져 감자로 싼 뒤, 원통이나 원반 모양으로 만든 후 튀긴 음식이다. 바깥쪽에는 짓이긴 감자 대신 말랑말랑한 빵이 쓰이기도 한다.

ⓑ 커틀릿(cutlet): 얇게 썬 쇠고기나 돼지고기에 밀가루·달걀·빵가루를 묻혀 기름에 튀긴 것

ⓒ 덴푸라: 야채나 어패류에 물과 계란을 넣어 반죽한 밀가루를 발라 기름에 튀긴 것으로 한국의 "튀김"과 비슷하다.

3) 전자오븐(Microwave)조리

① 전자파가 식품 속의 물 분자를 진동시켜 발생되는 마찰열에 의해서 음식만을 단시간에 가열한다.

② 음식의 속과 겉이 동시에 조리되고, 조리시간이 짧으며, 열과 연기가 없어 쾌적한 조리가 가능하다.

③ 휘발성 풍미성분의 발생이 다른 조리법에 비해 낮다.

④ 조리의 제한성: 조사부분만 조리하고, 정해진 용기만 사용되며, 수분이 함유된 식품의 조리 등 제한적으로 사용된다.

실험 1 조리방법과 조미료가 장조림의 맛에 미치는 영향

일자:

목적

쇠고기 단백질의 조리원리를 이해하여 맛과 질이 좋은 장조림을 만들기 위한 방법을 알아본다.

재료

- 쇠고기(우둔 또는 홍두깨살) 200g×5
- 물 480mL × 5
- 진간장 70mL × 5
- 설탕 15g × 5
- 마늘 10g × 5
- 생강 5g × 5

기구 및 기기

일반 조리용구, 저울, 비커, 타이머

실험방법

기본방법

① 쇠고기를 잠깐 찬 물에 담가 핏물을 뺀다.

② 쇠고기의 결에 따라 길이 6cm, 넓이 4cm, 두께 2cm 정도로 썰어놓는다.

③ 냄비에 고기와 물을 넣고 끓기 시작하면 중불로 20분간 가열한다.

④ 여기에 간장・설탕・마늘과 생강을 얇게 저민 것을 넣고 약한 불로 40분간 조린다.

⑤ 식힌 후 결대로 찢어서 평가한다.

시료

A. 처음부터 모든 재료를 다 넣고 중불로 끓인 후 끓기 시작하면 약한 불로 40분간 끓인다.

B. 처음부터 모든 재료를 다 넣고 불에 올려놓아 끓기 시작하면 약한 불로 60분간 끓인다.

C. 고기와 물을 넣고 강한 불로 10분 끓인 후 모든 재료를 다 넣고 강한 불로 10분간 끓인다.

D. 물이 끓을 때 쇠고기를 넣어 중불로 20분간 끓이고 여기에 모든 재료를 넣어 약한 불로 40분간 끓인다.

평가

장조림을 결대로 찢어 접시에 담고 색, 부드러운 정도, 맛의 특성에 대하여 관능검사를 한다.

결과

끓이는 방법 달리한 시료	관능특성		
	색	부드러운 정도	맛
기본방법			
A			
B			
C			
D			

※ 점수표

7: 대단히 좋음 6: 많이 좋음 5: 좋음 4: 보통

3: 나쁨 2: 많이 나쁨 1: 대단히 나쁨

Question

1. 육류의 분류 중 소, 돼지, 양에 대하여 간단히 설명하시오.

2. 근육의 조직에 대하여 설명하시오(참고도서: 장명숙, 식품과 조리원리, 효일출판, p. 163의 그림 10-2 참고).

3. 지방조직의 마블링(marbling)에 대하여 설명하시오.

4. 동물의 뼈에 대하여 설명하시오.

5. 쇠고기의 종류별 도축검사인에 대하여 설명하시오(참고도서: 장명숙, 식품과 조리원리, 효일출판, p. 172의 그림 참고).

6. 쇠고기의 부위명과 용도에 대하여 설명하시오(참고도서: 장명숙, 식품과 조리원리, 효일출판, p. 173의 그림 10-9 참고).

7. 쇠고기의 등급기준이 되는 8등급 순서를 적으시오.

8. 육류의 연화방법 중 효소에 의한 방법에 대하여 설명하시오.

9. 우리나라의 쇠고기 조림방법으로는 장조림이 대표적인데, 오늘 실험을 통해서 확인해본 결과를 바탕으로 가장 올바른 조리방법과 이유를 설명하시오.

고찰 및 소감(참고문헌)

실험 2 조미방법에 따른 고기의 연화효과

일자:

목적

육류조리 시에 사용되는 각종 조미방법이 고기의 연화에 미치는 효과를 알아본다.

재료

- 쇠고기(우둔 또는 홍두깨살) 100g×4
- 키위즙 1T
- 설탕 4ts
- 참기름 2ts
- 배즙 1T
- 생파인애플즙 1T
- 간장 8ts
- 후춧가루 약간

기구 및 기기

접시 4개, 면보 또는 고운 체, 일반 조리용구, 저울, 계량스푼

실험방법

① 쇠고기를 4mm 두께로 썰고 접시에 담아 모든 즙을 갈아 면보에 짜서(또는 고운 체에 내려) 다음과 같이 연화시킨다.

ⓐ 우둔살 100g

ⓑ 우둔살 100g, 배즙 1T

ⓒ 우둔살 100g, 키위즙 1T

ⓓ 우둔살 100g, 생파인애플즙 1T

② 연화처리한 것을 10분간 방치 후 각각에 설탕 1t, 간장 2ts, 참기름 1/2작은술, 후춧가루 약간을 넣어 손으로 조물조물 양념하여 양념이 배도록 한다.

③ 양념한 고기를 20분간 둔다.

④ 중불에 예열시킨 프라이팬에서 일정하게 1분간 앞뒷면을 1번씩 돌려가며 굽는다.

평가

질감 위주로 관능평가를 실시한다.

결과

구분	조건	질감	맛	기호도(순위)
A	무첨가			
B	배즙 1Ts			
C	키위즙 1Ts			
D	생파인애플즙 1Ts			

Question

1. 가장 연화된 고기는 어느 것이며, 연화원리는 무엇인가?

2. 실험에 사용한 첨가물 외에 다른 연화방법은 무엇인가?

3. 연화시키는 물리적인 방법은 무엇인가?

고찰 및 소감(참고문헌)

실험 3 조직 콩단백을 첨가한 완자전의 특성

일자:

목적

조직 콩단백을 쇠고기 완자전에 이용했을 때의 품질과 맛에 미치는 영향을 알아본다.

재료

- 쇠고기(우둔) 100g, 90g, 70g, 50g
- 조직 콩단백 10g, 30g, 50g, 100g
- 국간장 6g × 5
- 소금 2g × 5
- 다진 파 4g × 5
- 다진 마늘 4g × 5
- 깨소금 3g × 5
- 참기름 3g × 5
- 후춧가루 1g × 5

기구 및 기기

일반 조리용구

실험방법

기본방법

① 쇠고기를 곱게 다져 나머지 재료로 양념한다.

② 하나의 무게를 10g이 되게 한 후 완자전을 일정한 모양으로 만든다.

③ 프라이팬에 기름을 바른 후 일정 시간(약 2분) 지져낸다.

실험처리구

① 조직 콩단백 10g을 물에 불린 후 잘게 다져 쇠고기 90g과 잘 섞어 양념하여 기본방법과 같이 한다.

② 조직 콩단백 30g을 물에 불린 후 잘게 다져 쇠고기 70g과 잘 섞어 양념하여 기본방법과 같이 한다.

③ 조직 콩단백 50g을 물에 불린 후 잘게 다져 쇠고기 50g과 잘 섞어 양념하여 기본방법과 같이 한다.

④ 조직 콩단백 100g을 물에 불린 후 잘게 다져 양념하여 기본방법과 같이 한다.

평가

완자전의 모양, 색, 냄새, 부드러운 정도를 관능검사를 한다.

결과

시료	관능특성			
	모양	색	냄새	부드러운 정도
쇠고기 100%				
조직 콩단백 10%+쇠고기 90%				
조직 콩단백 30%+쇠고기 70%				
조직 콩단백 50%+쇠고기 50%				
조직 콩단백 100%				

Question

1. 조직 콩단백질에 대하여 설명하시오.

2. 실험을 토대로 하여 조직 콩단백의 용도와 식품에 사용하였을 때의 효과에 대하여 설명하시오.

고찰 및 소감(참고문헌)

Ⅶ

어패류

01.
어패류의 종류

어패류는 다른 육류에 비하여 수분이 많고 결합조직이 적어 육질이 연하고 감칠맛이 있으나 부패가 쉬운 단점을 가지고 있다.

1) 어류(Fish)

① 어류는 강이나 하천에서 사는 담수어와 바다에서 사는 해수어로 구분한다.

② 육류지방은 포화지방산, 생선지방은 불포화지방산이 많으며 80%를 차지한다.

③ 생선지방에는 Ω(omega)-3계열의 다불포화지방산이 30~45% 정도 함유되어 있으나 육류지방에는 Ω-3계열의 다불포화지방산이 거의 없다.

④ 생선의 다불포화지방산은 EPA와 DHA로 혈관 내 콜레스테롤이 침착되는 것을 막아 관상심장 동맥질환을 예방한다.

⑤ 고등어(mackerel), 꽁치(mackerelpike), 동태(alaskan pollack), 대구(cod), 명태(walleye pollock), 가자미(flounder), 광어(halibut), 농어(sea-bass), 도미(sea-bream), 민어(croaker),

> **명태의 다른 이름**
>
> • 새끼는 노가리, 갓 잡은 것은 생태, 얼린 것은 동태(凍太), 그냥 건조시킨 것은 북어(또는 건태 <乾太>), 반쯤 말린 것은 코다리, 얼렸다 녹였다 반복해서 노랗게 말린 것은 황태 등
>
> • 생명태를 선태(鮮太)라고도 함

방어(amber-fish), 홍어(skate), 뱀장어(eel), 병어(pomfret), 갈치(sword fish), 복어(globe-fish), 삼치(sausel), 송어(trout), 이면수(alka-fish), 정어리(sardine), 멸치(anchovy) 등

2) 연체류

문어(octopus), 오징어(squid), 낙지(poulp), 해삼(sea cucumber), 꼴뚜기(sea arrow), 해파리(jelly fish) 등

3) 갑각류

게(crab), 새우(shrimp), 바닷가재(lobster) 등

4) 조개류

굴(oyster), 대합(big clam), 모시조개(corb shell), 맛살(solen), 소라(top shell), 가리비(scal-lop), 우렁이(snail), 바지락(short neck clam), 전복(abalone), 홍합(mussel) 등

5) 붉은살 생선과 흰살 생선

① 붉은살 생선: 살색이 갈색 · 노랑 · 분홍 · 회색 등이고 등푸른 생선으로 지방함량이 20% 정도

② 흰살 생선: 살색이 희고 지방함량이 5% 이하

(1) 붉은살 생선

① 바다 표면 가까운 곳에 살기 때문에 물살에 따라 이리저리 헤엄쳐 다니면서 운동을 많이 하여 근육이 단단하고, 지방함량이 20% 정도로 높으며, 비린내가 많다(꽁치 · 고등어 · 정어리 · 청어 · 삼치 · 가다랑이 · 참치 · 장어 · 연어 · 뱅어 등)

② 양질의 단백질(흰살 생선에 비해 필수 아미노산이 월등이 많음)과 각종 불포화지방산이 풍부(EPA · DHA 등)하여 성인병에 효과가 있다.

③ 등푸른 생선은 값싸고 영양이 풍부한 반면, 기름기가 많고 비린내가 심하여 마늘 · 생강 · 파 · 겨자 등 향이 강한 양념이나 레몬 · 식초 · 청주 등을 적절히 사용한다.

④ 가열시간도 흰살 생선에 비해 비교적 길다.

⑤ 등푸른 생선은 지방함량이 많고 글리코겐이 급속히 분해하여 젖산을 생성하기 때문에 다른 생선에 비해 부패속도가 빠른 편이다.

⑥ 구입하는 즉시 조리하거나 소금을 뿌려 자반을 만들어둔다.

(2) 흰살 생선

① 붉은색 생선과는 달리 생선살이 흰색을 띠고 있으며, 껍질이 비늘로 덮혀 있거나 두꺼운 것이 특징이다. 바다 깊이 살면서 운동을 별로 하지 않아 살이 비교적 연한 편이고, 지방함량은 5% 이하로 담백하여 소화기능이 약한 노인・환자・어린이의 영양식으로 권장한다(대구・명태・조기・민어・광어・가자미・도미・복어・농어・갈치・준치 등이 있고, 민물고기로 잉어・붕어・은어 등).

② 영양은 등푸른 생선에 비해 떨어지나 비린내가 적고 맛이 담백하여 누구나 즐길 수 있다.

③ 명란에는 비타민 A・B_1・B_2・E와 나이아신 등 각종 영양소가 풍부하여 자주 이용한다.

④ 비린내가 심하지 않아 조리할 때 양념을 담백하게 하고 단시간에 가열하여 생선 자체의 맛을 음미한다.

02.

어패류의 영양분

① 일반적으로 어패류에는 단백질이나 지방이 풍부하고, 무기질이나 비타민의 좋은 공급원이다.

② 특히 지방은 다불포화지방산이 많아서 동맥경화・심장병・고혈압 등 성인병이 예방되고, 머리가 좋아지는 EPA나 DHA가 많이 포함되어 있다.

③ EPA와 DHA는 돼지기름・쇠고기기름과 대두유・면실유와 같은 기름에는 없지만 정어리나 고등어와 같은 등푸른 생선의 기름에 많이 포함되어 있다.

④ 조개류와 오징어에는 피로회복에 좋은 아미노산인 타우린(taurine)이 많이 함유되어 있다.

⑤ 갑각류나 조개류의 근육 속에는 글리코겐이 들어 있어 약간의 단맛을 낸다. 가재살에는 1%, 전복・굴 등에는 3~5%의 글리코겐이 함유되어 있다.

03.

어패류의 맛성분

① 어류의 맛: 육류와 달리 사후강직상태에서 맛이 좋고, 특히 산란 직전에 지방의 함량도 많고 맛이 좋다.

② 생선의 맛난맛: 유리아미노산, TMAO(Tri-MethylAmine Oxide, 트리메칠아민 옥사이드), IMP(Inosinic Mono-Phosphate, 이노신산나트륨), 글루타민산(glutamic acid), 글리신(glycine), 크레아틴(creatin), 타우린(taurine), 호박산(succinic acid) 등에 기인한다.

③ 오징어 · 새우 · 게의 맛난 맛성분: 글리신(glycine)

④ 오징어 · 문어의 맛난 맛성분: 타우린(taurine)

⑤ 조개류의 맛난 맛성분: 호박산(succinic acid)

⑥ 생선의 비린내: TMAO가 세균에 의해 환원되어 생성되는 TMA(트리메칠아민)에 의한 것이다. 생선 비린내는 마늘 · 생강 · 파 · 겨자 등의 양념이나 레몬 · 식초 · 청주 등으로 제거한다.

04.

어패류의 색소

① 참치의 가열에 의한 다갈색: 신선한 선홍색 참치의 근육색소인 미오글로빈이 가열로 인해 다갈색으로 변화한다.

② 연어살의 가열에 의한 등적색: 근육 색소가 열에 안정한 카로테노이드계 아스타잔틴(astaxanthin)이기 때문이다.

③ 새우 · 게 등의 가열에 의한 적색: 갑각류 껍질의 색소인 아스타잔틴(astaxanthin)이 단백질과 결합되어 회록색이나 청록색을 띠나 가열하면 아스타잔틴이 유리되면서 산화되어 아스타신(astacin)으로 변하여 적색이 된다.

④ 냉동새우의 흑색: 껍질 중의 타이로신(tyrosine)이 사후 활성화된 타이로시나제(tyrosinase)

에 의하여 산화되어 멜라닌(melanin) 색소를 생성하기 때문이다. 이를 방지하기 위해 어획 후 바로 동결하거나 아질산 처리를 한다.

05.
어독

1) 복어중독

① 복어의 난소 · 고환 · 가죽 · 장에는 강력한 독(테트로톡신, TTX: Tetrotoxin)이 있으며, 청산가리의 10배 정도 독성이 있다.
② 독성은 가열에 의해 없어지지 않으며, 산란기에 더욱 강해진다.
③ 중독되면 2시간 내에 혀 · 입술 · 지각신경이 마비되고 사망할 수 있다.
④ 중독되면 토하게 하고, 중조를 탄 물을 마셔 독을 중화시키고 혈압상승제를 써서 혈압을 유지하며 인공호흡을 실시한다.

2) 홍합중독

① 패류중독의 대표적인 홍합은 미틸로톡신(mytilotoxin)에 의하며, 복어중독의 증세와 유사하다.
② 무더운 여름철의 홍합은 가능하면 피한다.

06.
어류의 신선도 감별법

① 어류는 사후강직 · 자기소화 · 부패가 진행되어 신선도가 떨어진다.
② 어류의 신선도 판정은 관능적 방법과 화학적 방법으로 나눌 수 있으며, 관능적 방법은 우리의 오감을 이용하여 일상생활에서 사용하고, 화학적 방법은 실험실에서 사용된다.
③ 어류는 육류보다 빨리 신선도가 저하되고, 특히 고등어 · 정어리 · 방어 등 등푸른 생선은

사후강직이 빨리 온다.

④ 신선하지 못한 어류는 TMA · 암모니아 · 아민류 · 지방산화물 등에 의하여 비린내가 난다.

1) 관능적 방법

구분	신선한 어류	신선도가 낮은 어류
신선도	• 사후강직 중의 생선은 육질이 단단하고 탄력성이 있어 신선하다.	• 사후강직이 끝난 생선은 신선도가 저하된다.
아가미	• 색이 선홍색, 불쾌한 냄새가 없다. • 점액질의 분비가 적어 끈적이지 않는다.	• 아가미가 회색, 불쾌한 냄새가 난다. • 점액질의 분비로 끈적거린다.
눈	• 안구가 외부로 돌출하고 투명하다.	• 눈이 흐리고 각막이 들어갔다.
피부	• 광택이 있으며, 특유한 색채가 있다.	• 광택이 희박하고 퇴색하여 점액질 분비가 많아지고 악취가 난다.
비늘	• 윤택이 나는 비늘이 고르게 밀착되어 있다.	• 비늘이 쉽게 벗겨지거나 얼룩이 보인다.
근육	• 탄력이 있고 색도 투명하다. • 살이 뼈에서 쉽게 분리되지 않는다.	• 근육은 탄력성이 없어지고 살이 물렁해져서 뼈와 쉽게 분리된다. • 복부가 연화되고 내용물이 침출된다.

2) 화학적 방법

(1) 휘발성 물질의 증가

① 아미노산이나 염기성 물질이 세균에 의해 분해되어 TMA · 암모니아 등을 생성한다.

② 그 외에 인돌(indol), 휘발성 유기산, 휘발성 환원물질, 히스타민(histamine) 등도 부패가 진행되면 증가한다.

(2) pH 변화

신선한 생선의 pH는 7.0~7.5 정도이나 사후강직이 진행되면 pH는 6.0~6.5가 된다.

(3) 세균수 증가

① 사후 세균수가 계속 증가한다.

② 신선하면 세균수가 10^5/g, 초기부패는 $10^5 \sim 10^6$/g이고 부패상태는 1.5×10^6/g 이상이다.

(4) 핵산계 물질 증가

ATP는 ADP, AMP, IMP, 이노시톨(inositol), 하이포잔틴(hypoxanthin) 등으로 분해된다.

07.

어패류의 보존

① 가벼운 정도의 동결(partial freezing): 어패류는 0℃에서는 얼지 않고 -2℃에서 얼기 때문에 -2~7℃에 저장하면 냉동처럼 변질되지 않으면서도 저장기간은 길어진다. 이러한 방법을 가벼운 정도의 동결(partial freezing)이라 한다.

② 생선: 내장을 꺼내고 30분간 피빼기를 한 후 -4℃에서 1~2일간 저장 가능하고, -12~-18℃에서 15일간 저장이 가능하다.

ⓐ 고등어: 부패하기 쉬우므로 저온실에서 2일을 넘기지 않도록 한다.

ⓑ 조개류: 냉동시키면 맛이 없어지므로 먹을 만큼 구입하여 소금물에 담가 냉장실에 보관한다.

ⓒ 저온저장법: 냉장과 냉동의 두 가지가 있다.

08.

생선조리

1) 어취 해소

① 생선조리에서 가장 중요한 것은 어취해소이며, 비린내의 주성분은 TMA의 아민류로 수용성이다.

② 미뢰를 마비시켜 비린내 성분을 감지하지 못하게 하거나, 비린내 성분과 직접 결합하여 비린내를 변화시킨다.

(1) 물로 씻기

표면의 점액물질인 TMA는 수용성으로 물로 씻어 비린내를 제거한다.

(2) 산(Acid) 첨가

① 아민류는 산과 결합하면 비린내가 감소하므로 산(acid)인 식초 · 레몬즙 · 유자 등을 이용한다.
② 식초는 생선의 냄새제거와 뼈의 칼슘까지 가용성 물질로 만들 수 있다.
③ 식초나 레몬 등으로 만든 마리네이드(marinade)도 생선 비린내를 제거하는 데 이용한다.

(3) 알코올 첨가

① 알코올에는 숙신산(succinic acid)이 있어 맛도 좋으며, 어취제거에도 효과가 있다.
② 서양에서는 포도주를 이용하고, 우리나라는 정종이나 미림을 이용한다.
③ 미림은 단백질의 응고를 촉진하고, 조림에서는 적절한 갈색과 향미를 형성하여 생선의 풍미를 돕는다.

(4) 간장 · 된장 · 고추장 첨가

① 간장은 생선에 풍미를 주어 냄새를 해소한다.
② 조미료인 된장과 고추장은 콜로이드상으로 비린내를 흡착한다.

(5) 우유 첨가

① 우유의 지방구와 카제인 단백질의 콜로이드가 냄새성분을 흡착하여 비린내를 제거한다.
② 특히 생선을 우유와 함께 조리하면 부드럽고 고소한 맛이 있어 서양요리에 많이 이용한다.
③ 생선요리를 먹을 때 레몬즙 · 레몬조각 · Pickles · Horseradish 등을 곁들여 먹으면 생선의 냄새를 해소할 수 있다.

(6) 향신채소 첨가

① 마늘 · 파 · 양파의 강한 향미성분: 황화 아릴(allyl)류가 어취를 약화한다.

② 생강: 진저론(zingeron)과 쇼가올(shogaol)은 어취해소와 연육작용을 한다.

③ 생선 단백질은 생강의 탈취작용을 방해하므로 가열 · 변성시킨 후 넣는다.

④ 무: 메틸머켑탄(methyl mercaptan)과 머스타드 오일(mustard oil)이 들어 있어서 어취를 해소한다. 생선을 조릴 때나 생선찌개를 할 때 무를 이용하며, 무에는 단백질 가수분해 효소가 있어 회를 먹을 때 무를 사용하면 소화를 촉진한다.

⑤ 고추냉이와 겨자의 시니그린(sinigrin): 자극성 향기성분인 아릴머스타드오일(allyl mustard oil)이 미뢰를 둔하게 하여 어취를 약화시킨다.

⑥ 생선회나 초밥에 와사비 또는 겨자를 사용한다.

⑦ 고추의 캡사이신(capsaicin)과 후추의 캬비신(chavicin): 향기와 매운 성분으로 어취를 약화시킨다.

⑧ 카레: 원료는 빛깔을 내는 울금(鬱金) · 샤프란 등과 매운맛을 내는 후추 · 고추 · 생강 · 겨자 그리고 향미를 내는 마근(馬芹) · 회향 · 정향 · 계피 등을 넣어 만든 분말로 생선의 어취를 해소한다.

⑨ 심황의 매운 성분인 쿠르쿠민(curcumin): 생선의 어취를 해소한다.

2) 생선조리법

신선하지 않은 생선은 악취제거를 위해 뜨거운 물을 끼얹어 열탕처리 후 냉수로 씻어 조리한다.

(1) 생선조림

① 비린내 휘발: 처음 몇 분간 뚜껑을 열어 비린내를 휘발한다.

② 15분 정도 조리: 너무 오래 가열하면 양념의 삼투현상에 의한 탈수로 생선이 딱딱해지고 맛이 없어지므로 약 15분 정도 조리한다.

③ 마늘 등은 생선이 거의 익은 다음에 넣도록 한다.

④ 진간장을 많이 사용: 생선조림에는 국간장보다 진간장을 더 많이 사용한다. 진간장에는 당

이 상대적으로 많아 색이 짙고, 조리과정에 카라멜화 반응이 일어나 윤이 난다.

(2) 생선튀김

① 튀김은 조리시간이 짧아 영양소 파괴를 최소화할 수 있고, 식품 특유의 맛·색·형태를 유지할 수 있는 조리법이다.

② 박력분 사용: 밀가루는 박력분을 사용하고 물의 온도는 15℃ 내외가 적당하다. 박력분에도 글루텐이 있으므로 탄성력을 발휘하기 전에 물과 달걀을 개어 즉시 생선에 입혀 튀긴다.

③ 튀김의 적정온도와 시간: 160~180℃, 2~3분간이다. 튀김시간이 길어지면 수분증발이 심하고 흡유량이 많아져 수분과 유분이 많이 교체되어 생선튀김의 맛이 떨어진다.

④ 튀김반죽은 여러 번: 많은 생선을 튀길 때 튀김반죽은 조금씩 여러 번 한다.

⑤ 중조 사용: 중조는 탄산가스를 발생하여 튀김표면이 빨리 건조되고 급온이 늦어지므로 튀긴 후 잠시 두었다가 먹거나 판매용으로 효과적이다.

튀김옷 입혀 튀기기

- 그냥 튀기는 것은 주로 작은 생선에 이용한다. 물기를 잘 닦고 튀긴다.
- 튀김옷을 입히는 것은 주로 흰살 생선, 새우, 오징어 등에 이용하며, 밀가루와 계란을 섞어 입힌다.
- 흰자는 먼저 거품을 내고 밀가루를 뿌려가면서 계속 Beater로 돌려 반죽을 한다. 이것을 생선에 가볍게 씌워 깨끗한 기름에 튀기면 눈처럼 하얗게 솜처럼 부드럽게 튀겨진다. 새우튀김·조개튀김 등에 많이 이용한다.
- 노른자를 풀어 반죽에 이용하면 튀김의 색이 짙은 황색으로 매우 아름답게 된다.
- 생선 프리터(fritter)는 밀가루와 계란을 섞은 반죽을 생선에 씌워 기름에 튀긴 것이다.
- 생선 커틀릿(cutlet), 생선 크로켓(croquette)은 생선에 밀가루·계란·빵가루 순으로 굴려 기름에 튀긴 것이다.

(3) 생선구이

① 생선구이는 생선을 석쇠나 쇠꼬챙이에 꿉아 불에 직접 노출시키는 직화구이, 프라이팬이나 오븐을 이용하는 철판구이, 그 외에 소금구이·양념구이 등이 있다.

② 생선을 구우면 당·단백질·아미노산·지방 등이 작용하여 한층 더 맛있는 냄새가 난다.

③ 생선은 짧은 시간에 속살까지 익고 생선 표면이 타지 않도록 구워야 하며, 센 불로 멀찌감

치 떨어져 굽는다.

④ 토막 친 생선구이를 할 때는 껍질쪽을 먼저 굽는다. 살쪽을 먼저 구우면 생선에서 흘러 나온 물기와 기름기 등으로 지저분해지고 타기 쉽다.

⑤ 생선을 지나치게 구우면 수분이 줄어 맛이 없고 바삭거린다. 생선통구이의 경우 생선의 눈이 하얗게 변하면 적당하게 구워진 것이다.

⑥ 생선 자체의 맛을 살리는 구이로 싱싱한 생선은 주로 소금구이를 하고, 소금은 생선무게의 2%가 적당하다.

⑦ 생선에 소금이 골고루 뿌려지지 않으면 소금이 적은 부분이 먼저 탄다. 소금을 뿌릴 때 약 30cm 정도의 높이에서 골고루 뿌린다.

⑧ 생선에 소금을 너무 많이 뿌렸으면 생선에 술을 조금 부어 5분가량 지난 다음에 구우면 짠맛이 덜해진다.

⑨ 석쇠를 뜨겁게 한 후 생선을 얹어 굽는다. 석쇠가 뜨거워지지 않으면 생선껍질이 석쇠에 눌어붙어 생선 모양이 부서진다.

⑩ 지방이 많은 붉은살 생선이나 비린내가 나는 생선은 양념장에 20~30분 담갔다가 굽거나 생선에 칼집을 넣고 양념장을 바르며 굽는다.

⑪ 진간장・설탕・마늘・생강즙 등으로 만든 양념장에 구울 때 석쇠보다는 프라이팬이 더 간편하다. 프라이팬을 중불에 달구어 기름을 두르고 생선을 넣는다.

(4) 생선회

① 생선회는 생회와 숙회가 있다. 생회는 생으로 회를 만드는 것이고, 숙회는 끓는 물에 살짝 데치거나 끓는 물을 생선에 끼얹어서 만든 회이다.

② 양념장은 고추냉이를 간장에 푼 것, 초장이나 된장 등이 있으며, 기호에 따라 선택한다.

③ 굴・우렁쉥이・오징어 등은 초장에, 지방질 함량이 많은 전어 등은 된장에 찍어 먹는 것도 좋은 방법이다.

생선회 먹는 법

생선회와 레몬즙

대부분의 사람들은 생선의 비린내를 없애기 위해 레몬을 짜서 생선회 위에 고루 뿌린 다음 생선회를 먹는다. 그러나 생선회는 살아 있는 활어로 바로 잡아 조리하므로 비린내가 거의 없다. 뿐만 아니라 생선회의 종류에 따른 독특한 맛을 레몬즙이 막아 버리므로 고유의 맛을 보지 못한다.

생선회와 마늘 · 상추 · 깻잎

생선회를 상추 · 깻잎 등과 자극성이 강한 양념된장 및 마늘 · 고추와 함께 먹으면 혀의 미각을 둔감하게 만들어 회의 참맛을 느끼지 못한다. 생선회와 야채를 따로 먹는 것이 좋은 방법이다.

(5) 생선전

① 생선살을 넓적하게 저며 소금을 뿌리고 밀가루와 달걀을 씌워 지진 음식으로 어전(魚煎)이라 한다.

② 생선전은 포뜨기와 생선을 잘 두드려 성형을 잘 해야 정확한 규격이 나오고 곱게 부쳐진다.

③ 계란을 입힐 때 흰자의 양을 줄여 가능한 한 노른자 위주로 하면 아름다운 색을 낼 수 있다.

④ 생선전은 미리 프라이팬을 달군 후 식용유를 두르고 불을 약하게 하여 지진다.

실험 1 오징어의 가열에 의한 변화

일자:

목적

가열 온도와 시간이 오징어 단백질의 수축과 부드럽기에 미치는 영향을 알아보아 적절한 가열방법을 알도록 한다.

재료

오징어 1/2마리 × 4

기구 및 기기

일반 조리용구, 저울, 자

실험방법

① 오징어는 내장과 발을 떼어내고 몸체를 잘라 깨끗이 씻어서 껍질을 벗긴 후 반으로 잘라 가로 4cm, 세로 1.5cm가 되도록 잘라 칼집을 3군데 넣는다.

② 냄비의 물이 끓기 시작하면 오징어를 넣어 각각 10초 · 2분 · 5분 · 10분간 데쳐서 물기를 뺀다.

평가

① 각 시료의 부드럽기, 질긴 정도, 맛에 대하여 관능검사를 한다.

② 가열 후의 오징어의 길이를 측정하여 수축률을 구한다.

결과

데치는 시간	수축률[1] (%)	관능특성		
		부드럽기	질긴 정도	맛
10초				
2분				
5분				
10분				

※ 점수표

7: 대단히 좋음 6: 많이 좋음 5: 좋음 4: 보통

3: 나쁨 2: 많이 나쁨 1: 대단히 나쁨

주: 1) $\text{수축률(\%)} = \dfrac{\text{날 오징어의 길이} - \text{가열 후의 오징어의 길이}}{\text{날 오징어의 길이}} \times 100$

Question

1. 어패류의 분류에 대해서 간단히 분류하여 설명하시오.

2. 어패류의 산란기와 맛과의 관계는?

3. 어패류의 성분 중 냄새성분에 대해서 알아보고 간단히 요약하시오.

4. 어패류의 관능적 감별법에 대하여 쓰시오.

5. 어패류의 올바른 저장방법에 대하여 정리하시오.

고찰 및 소감(참고문헌)

실험 2 물의 온도 및 조미료가 생선조림에 미치는 영향

일자:

목적

생선을 조릴 때 조림용액의 온도와 조미료의 효과를 알아본다.

재료

- 고등어 1마리
- 물 50ml × 2, 100ml × 2
- 간장 15ml × 4
- 설탕 4g × 4
- 청주 50ml × 2

기구 및 기기

일반 조리용구, 메스실린더, 저울, 온도계, 타이머

실험방법

① 고등어의 머리와 내장을 제거하고 깨끗이 씻어서 세장뜨기하여 2등분하여 4장을 준비한다.

② 다음과 같이 4가지 방법으로 조리한다.

ⓐ 물 100ml, 간장 15ml, 설탕 4g을 섞어 냄비에 넣고 고등어살이 밑으로 오도록 하여 중간 불에서 5분간 가열한 뒤 불에서 내린다(시료 A).

ⓑ ⓐ와 같은 방법으로 준비하되 조리용액을 98℃로 가열한 후 고등어를 넣고 중간 불에서 5분간 가열한 뒤 불에서 내린다(시료 B).

ⓒ 물 50ml, 청주 50ml, 간장 15ml, 설탕 4g을 섞어 냄비에 넣고 고등어살이 밑으로 오도록 하여 중간 불에서 5분간 가열한 뒤 불에서 내린다(시료 C).

ⓓ ⓒ와 같이 하되, 조리용액을 98℃로 가열한 후 고등어를 넣고 중간 불에서 5분간 가열한 뒤 불에서 내린다(시료 D).

평가

각 시료의 색, 단단한 정도, 냄새, 맛에 대하여 관능검사를 한다.

결과

실험처리구	관능특성			
	색	단단한 정도	냄새	맛
A				
B				
C				
D				

※점수표

7: 대단히 좋음　6: 많이 좋음　5: 좋음　4: 보통
3: 나쁨　2: 많이 나쁨　1: 대단히 나쁨

Question

1. 조리 시 어류의 비린내 제거방법에 대하여 설명하시오.

2. 어패류의 올바른 조리법에 대하여 간단히 설명하시오.

3. 오늘 실험을 통해서 확인해본 결과를 바탕으로 가장 올바른 생선조림 방법과 이유를 설명하시오.

고찰 및 소감(참고문헌)

VIII

달 걀

01. 달걀의 특징

달걀은 영양가가 높은 식품으로 여러 가지 음식을 조리할 때 다방면으로 이용된다.

유화성을 이용한 Mayonnaise, 기포성을 이용한 Meringues와 Cake, 열응고성을 이용한 알찜 · Custard · 전유어 등이 있고, 지단은 음식을 아름답게 한다.

02. 달걀의 구조와 성분

1) 달걀의 구조

① 난각, 난각막(난각외막 · 난각내막), 기실, 난백(수양난백 · 농후난백), 칼라자(알끈), 난황(난황막 · 농후난황 · 흰노른자), 배반으로 구성된다.

② 둥근 쪽에는 기실이 있어 세균에 노출되기 쉽기 때문에 뾰족한 곳이 아래로 향하도록 하여야 한다. 깨뜨렸을 때 껍질에서 잘 떨어지는 것이 신선하다.

③ 달걀의 껍질에는 일만 개 내외의 기공이 있어 이곳으로 호흡을 한다.

2) 달걀의 영양분

① 난백: 88%가 수분이고, 나머지 대부분은 단백질이다.

② 난황: 약 50%가 고형분이고, 단백질 외에 다량의 지방을 함유하며, 무기질은 P이나 Fe이 많다.

③ 난황 단백질은 인지질과 결합한 리포단백질이 대부분이고, 그 외에 인단백질과 수용성 단순단백질을 함유하고 있다.

④ 난황에는 유화작용을 일으키는 성분인 레시틴(lecithin)이 있다.

03.

달걀의 감별법

품질검사는 외관법 · 투시법 · 비중법 · 활란법 등을 이용하여 신선도와 난의 질을 검사한다.

1) 외관법

① 신선란은 난각이 거칠고 선명하다.

② 광택이 있고 기름기가 있는 난각은 노화된 달걀이다.

2) 흔들어보기

① 신선란은 흔들어도 이동성이 없다.

② 내용물이 흔들리고 흔들리는 소리가 나는 것은 노화된 달걀이다.

3) 설감법

① 신선란은 달걀의 양쪽 끝에 혀를 대어 보았을 때 기실부는 따뜻하나 다른 끝은 차갑게 느껴진다.

② 노화된 달걀은 양쪽 모두 차갑게 느껴진다.

4) 비중법

① 신선란은 비중이 1.08~1.09이며, 11%의 식염수에서 가라앉는다.

② 노화된 달걀은 비중이 1.02 이하이다. 6% 소금물(비중 1.027)에 뜨는 상태와 경사각도로 판정한다.

5) 투시법

① 어두운 방에서 60W 전구가 달린 검란기로 기실 크기, 난백과 난황의 유동성 및 위치를 조사한다.

② 신선란의 경우 기실의 크기가 고정되어 있고 윤곽이 뚜렷하다. 난백은 착색되지 않고, 난황은 달걀의 중심부에서 회전시켜도 움직임이 없어야 한다.

6) 활란법

① 달걀을 유리판 위에 깨어 난황계수와 난백계수를 각각 측정한다.

② 신선란 난황계수 0.36~0.44, 난백계수 0.14~0.17이다.

③ 노화란 난황계수 0.3 이하, 난백계수 0.1 이하이다.

04.

달걀의 저장법

① 달걀은 생체식품으로 온도의 변화를 크게 받는 식품이다.

② 최적저장의 조건은 5℃, 습도 80%의 저온저장이다.

③ 냉장고 보관은 3~5주, 완전히 익힌 달걀은 1주일 정도 보관이 가능하다.

④ 37℃에서 2일간 저장은 25℃에서 5일간, 16℃에서 20일간, 2℃에서 100일간 저장한 것보다도 빨리 노화된다.

⑤ 달걀의 호흡은 까칠까칠한 난각층의 작은 구멍으로 호흡을 한다. 껍질이 얇은 것일수록 세균이 침입하기 쉽고 주변의 냄새가 들어가므로 씻지 않고 그대로 보관한다.

⑥ 신선도를 유지하기 위해서 계속 호흡할 수 있도록 뾰족한 부분이 밑으로 향하게 하여 보관한다.

⑦ 충격을 받으면 노른자가 풀어지는 등 신선도가 떨어지므로 냉장고 문쪽보다는 안쪽에 보

관하는 것이 좋다.

⑧ 냄새가 강한 식품과 함께 두지 않는다. 달걀은 껍질에 있는 일만 개의 기공으로 호흡을 하기 때문이다.

05.

달걀의 조리

달걀은 단백질의 열응고성, 노른자의 유화성, 흰자의 기포성을 이용해 여러 조리에 이용한다.

1) 달걀의 열응고성

(1) 난백

① 58℃에서 약간 응고하고, 64~65℃에서 유동성이 없어진다. 70℃에서 거의 완전히 응고한다.

② 굳게 응고하려면 80℃ 이상 가열해야 한다.

(2) 난황

① 65~70℃에서 완전히 응고된다.

② 65~68℃의 더운 물에 오래 담가두면 난백은 응고하고, 난황은 반유동체로 반숙달걀이 된다.

③ 노른자에는 유화작용을 일으키는 성분인 레시틴(lecithin)이 있고, 노른자 속의 기름은 수중유적형 유화상태이다(예 마요네즈).

달걀의 열응고성 · 유화성 · 기포성을 이용한 조리법

달걀의 열응고성을 이용한 조리

완숙달걀, 반숙달걀, 수란, Scrambled Eggs, 달걀후라이, 지단, Omelet, Custard, 달걀찜, 알쌈, Hamburger Steak, 기름튀김, 푸룽시에(중국요리) 등

달걀의 유화성을 이용한 조리

마요네즈와 케이크, 아이스크림, Cream Puff 등의 조리에 난황의 레시틴은 유화제 역할을 한다.

난백의 기포성을 이용한 조리

Meringue, Angel Cake, Sponge Cake 등의 각종 케이크류, 프리터(fritter), 수플레(souffle), 중국식 튀김 등이 있다.

2) 달걀의 유화성

① 난황에 함유된 레시틴의 유화작용을 이용한 요리이다.

② 난황을 계속 저으면서 식물성 기름을 조금씩 넣어주면 걸쭉한 크림상태가 되는데, 여기에 레몬즙・겨자・식초를 첨가하여 마요네즈를 만든다.

3) 난백의 기포성

① 달걀 흰자를 강하게 저으면 거품이 생긴다. 거품 표면에 단백질분자가 흡착되어 더욱 공기와 접촉해서 변한다.

② 거품기로 계속 저으면 거품막은 두꺼워지면서 경화되어 거품이 고정된다.

③ 난백의 기포에는 단백질인 글로불린이 관여한다.

난백의 기포성에 영향을 미치는 인자

난백의 종류

수양난백이 농후난백보다 기포성이 좋고, 거품안정도는 농후난백이 더 좋다.

신선도와 난백의 기포성

신선한 달걀보다 오래된 달걀이 수양난백이 많으므로 기포성이 좋다.

거반법 및 거반기구

- 수동거반 Whisk, Wire Egg Beater, Rotary Egg Beater 등
- 전동거반 Mixer, Blender 등을 이용한다.
- 수동거반은 오래된 난백에 이용하고 전동은 농후난백이 많은 신선한 달걀에 사용한다.

pH

- 소량의 산을 넣으면 오브알부민의 등전점 pH 4.6~4.7에서 점성이 저하되어 거품이 잘 생기고, 단백질 분자는 표면막을 만들기 쉬워지므로 비교적 안정된 포막을 만들게 된다.
- Meringue을 만들 때 약간의 레몬즙을 넣는 원리도 동일하다.

온도

- 난백의 온도가 적당히 높으면 표면장력이 저하되어 기포성이 좋아지나 너무 온도가 높아지면 역효과가 난다.
- 냉장고의 계란은 기포성이 좋지 못하므로 달걀을 잠시 손에 쥐고 체온으로 온도를 높인 후 사용한다.
- 난백의 온도 30°C 전후가 기포성과 안정도 적당하다.

첨가물

우유 · 기름 또는 유황이나 소금 · 설탕을 넣으면 기포성이 약화된다.

용기

입이 넓고 얕은 용기보다 입이 좁고 깊으며 밑바닥이 둥근 용기가 적합하다.

4) 달걀의 녹변

① 달걀을 15분 이상 삶으면 난백과 난황의 경계부분에 검푸른색이 생기는 현상을 녹변이라 한다.

② 난백의 유황(S)이 가열로 분해되어 황화수소(H_2S)를 만들고, 난황의 철분(Fe)과 결합해서 황화제일철(FeS)을 만들기 때문이다.

- S(난백: 단백질의 유황) → H_2S(황화수소) + Fe(난황) → FeS(황화제일철, 녹변)

③ 오래된 달걀은 신선한 것보다 pH가 상승되어 있어 황화수소가 쉽게 발생한다.

④ 완숙은 끓는 물에서 12~13분 정도 삶아 식히는 것이 적당하다.

⑤ 완숙은 소화도 천천히 일어난다.

※ 달걀의 소화: 반숙 > 완숙 > 생달걀 > 달걀 후라이

☞ 녹변현상이 잘 일어나는 주원인: 오래된 달걀, 가열시간이 길 때, 가열온도가 높을 때, 가열 후 빨리 식히지 않을 때

실험 1 달걀의 신선도 평가와 시간에 따른 달걀상태

일자:

목적

달걀의 신선함을 평가하고 익히는 방법과 시간에 따른 달걀의 상태를 관찰한다.

재료

- 달걀 9개
- 소금 6g
- 식초 5g

기구 및 기기

일반 조리용구, 저울, 자, 메스실린더, 타이머

실험방법

A. 생달걀을 깨뜨렸을 때의 신선한 정도 평가

달걀 3개를 각각의 접시에 깨뜨려 다음과 같이 비교한다.

① 달걀을 깨뜨려 납작한 접시에 담는다.

② 달걀의 외관을 관찰한다.

③ 흰자위의 퍼짐성을 자로 잰다.

④ 흰자위의 묽은 부분과 진한 부분을 관찰한다.

⑤ 노른자의 위치와 상태를 관찰한다.

B. 위의 실험 A에서 평가한 달걀로 수란을 만들어 평가한다.

① 작은 냄비에 240ml의 물을 붓고 끓을 때까지 가열한다. 각각의 접시에 담은 달걀을 냄비에 흘

려 넣는다. 정확히 3분 후에 구멍 뚫린 스푼으로 건져낸다.

② ①과 같은 방법으로 하되, 물에 6g의 소금을 넣는다.

③ ①과 같은 방법으로 하되, 물에 5g의 식초를 넣는다.

④ 흰자위의 응고상태 · 텍스처를 비교한다. 노른자의 위치를 관찰한다.

C. 완숙란의 평가

① 중간 냄비에 6개의 달걀을 넣고 달걀이 잠길 정도의 물을 담는다. 끓는 온도(100°C)에서 각각 5분 · 10분 · 15분 · 20분이 경과할 때마다 꺼내는데, 5분 · 10분에서는 한 개씩 꺼내어 냉수에 담그고, 15분 · 20분 경과할 때는 2개씩 꺼내어 한 개는 냉수에 담가 식히고, 한 개는 실온에서 식힌다.

② 껍질을 벗기며 Air Cell의 크기를 관찰한다. 길이로 반을 잘라 접시에 담아놓고 반쪽의 노른자를 들어낸 후 평가한다. 흰자위의 텍스처, 노른자의 위치, 노른자 둘레의 청변 여부를 관찰하여 비교한다.

평가

각각의 실험방법에서 제시한 것에 따라 평가한다.

결과

A.

시료	흰자의 퍼짐성(cm)	관능특성		
		외관	흰자의 묽은 부분과 진한 부분 정도	노른자 위치와 상태
달걀 1				
달걀 2				
달걀 3				

B.

시료	관능특성		
	흰자의 응고상태	흰자의 텍스처	노른자 위치
달걀 1			
달걀2(달걀+소금 6g)			
달걀3(달걀+식초 5g)			

C.

시료	조건	기실의 크기	노른자 위치	노른자 둘레의 청변 여부	흰자의 텍스처
5분 경과 달걀	냉수				
10분 경과 달걀	냉수				
15분 경과 달걀	냉수				
	실온				
20분 경과 달걀	냉수				
	실온				

Question

1. 달걀의 기능에 대하여 설명하시오.

2. 신선한 달걀의 비중과 pH는?

3. 달걀의 저장 중 주의사항에 대하여 설명하시오.

4. 달걀의 품질평가와 등급 중 평가지표(할란판정)에 대하여 설명하시오.

5. 교재(참고도서: 장명숙, 식품과 조리원리, 효일출판, p. 212의 그림 12-5)를 참고하여 달걀의 등급표시에 대하여 설명하시오.

6. 교재(참고도서: 장명숙, 식품과 조리원리, 효일출판, p. 213의 표 12-3)를 참고하여 달걀의 품질 등급판정을 위한 기준에서 외관판정과 할란판정에 대하여 설명하시오.

7. 달걀의 조리 시 설탕과 소금 및 산, 전분이 달걀의 특성에 미치는 영향에 대하여 설명하시오.

고찰 및 소감(참고문헌)

실험 2 재료배합에 따른 달걀찜의 상태비교

일자:

목적

난액의 농도를 달리하여 달걀찜을 만들 때 응고 정도 및 특성에 대하여 알아본다.

원리

달걀은 농도에 따라 내부응고온도가 달라지며, 또한 단백질의 농도, 염류, pH, 가열온도 등에 따라서도 응고에 영향을 받는다.

재료

- 달걀 4개
- 소금 1.5g
- 물 200ml

기구 및 기기

비커(200ml) 3개, 접시 1개, 계량컵, 계량스푼, 볼 1개, 저울, 타이머, 일반 조리용구(체 · 찜통 · 칼)

실험방법

① 달걀 4개를 한꺼번에 잘 풀어서 체에 걸러놓는다.

② 아래와 같이 각 시료들을 분량대로 잘 섞어 비커에 담는다.

ⓐ A: 전란 100g+소금 0.5g

ⓑ B: 전란 50g+물 50g+소금 0.5g

ⓒ C: 전란 25g+물 75g+소금 0.5g

③ 각각 난액의 색을 기록한다.

④ 찜통에 난액을 담은 비커를 넣고 뚜껑을 덮은 후 약한 불에서 15분간 가열한다.

⑤ 가열이 끝나면 달걀찜을 접시에 담아 자른 후 달걀찜의 색, 단면 및 기공상태, 부드러운 정도, 맛을 비교하여 묘사법으로 평가하고, 전체적인 기호도를 순위척도법으로 평가한다.

평가

각각의 실험방법에서 제시한 것에 따라 평가한다.

결과

시료	난액의 색	달걀찜				
		색	단면 및 기공 상태	부드러운 정도	맛	전체적인 기호도
A						
B						
C						

Question

1. 달걀의 열응고성에 영향을 미치는 요인에 대하여 설명하시오.

고찰 및 소감(참고문헌)

IX 유지류

01. 식품으로서 유지의 영양학적 중요성

1) 에너지의 공급원

① 대부분 에너지원으로 이용되며, 지방 1g당 9kcal의 열량을 발생한다.
② 과잉섭취 시 탄수화물 · 단백질은 중성지방으로 전환되어 간이나 피하지방조직에 축적되었다가 에너지가 필요하면 다시 방출되어 사용된다.

2) 신체의 구성성분

세포막의 형성에 주요한 구성성분이다.

3) 체온유지 및 주요 장기보호 작용

① 피하에 저장된 지방층은 체온유지를 위한 보호벽의 구실을 한다.
② 지방질은 열의 부도체로 열의 발산을 막는 작용을 한다.

4) 필수지방산의 급원

지방산 중 다불포화지방산인 리놀산 · 리놀렌산 · 아라키톤산 등 필수지방산의 급원이다.

5) 포만감 부여

① 다른 영양소와 비교할 때 지방은 비교적 서서히 소화된다.

② 십이지장에 머물러 있는 동안에도 위를 자극하여 공복감을 억제하는 호르몬을 분비하여 공복감을 지연시킨다.

6) 조리상의 중요성

① 식품에 풍미를 부여하고, 튀김이나 가열 시에 식품의 열매체로 이용된다.

② 또한 식품조직의 개선으로 연화작용을 한다.

02.
유지식품의 종류

1) 버터(Butter)

① 우유 지방(80% 함유)인 크림을 교반시켜 덩어리화한 것이다.

② 종류: 버터는 원료크림의 발효 유무에 따라 감성버터와 발효 또는 산성 버터로 나누고, 식염 첨가 유무에 따라 가염버터 · 무염버터로 나누며, 이 밖에 분말버터 · 유청버터 · 저지방버터 등이 있다.

ⓐ 무염버터(unsalted butter)

㉠ 식염을 첨가하지 않은 버터

㉡ 제과용 · 조리용 · 심장질환자급식용 등으로 사용

ⓑ 가염버터(salted butter): 식염을 1.5~2.0% 정도 첨가하여 만든 버터

ⓒ 발효버터(sour cream butter): 유산균을 접종하여 발효시킨 버터로 독특한 향을 가진다.

ⓓ 무발효버터(sweet cream butter): 감성버터라고도 하며, 유당(lactose)함량이 발효버터보다 높다.

2) 마가린(Margarine)

① 그리스어의 진주(margarites)라는 뜻이며, 에멀션화한 빛깔이 진주빛을 닮은 데서 유래하였다.

② 천연버터(크림버터)의 대용품으로 만든 지방성 식품으로 인조버터라고도 한다.

③ 동식물성 유지에 경화유・식염・물・유화제・색소를 첨가해 제조한다.

④ 버터모양의 성질과 풍미를 부여한다.

3) 라드(Lard)

① 돼지고기의 지방을 정제하거나 녹여서 만든 유제품이다.

② 쇼트닝성이 우수하나 산패가 쉽다.

③ 라드는 우지(牛脂)보다 불포화지방산의 함량이 많아 연질(軟質)이고 녹는점도 낮아서 라드를 사용하여 만든 음식은 부드럽고 맛이 좋다.

4) 쇼트닝(Shortening)

① 정제한 식물성 유지를 수소첨가에 의한 경화유로 만들고 이것을 원료로 제조한다.

② 라드대용품으로 사용한다.

③ 쇼트닝은 마가린과 달리 물을 첨가하지 않고 100% 유지로 만든다.

④ 쇼트닝은 제빵 시 반죽의 팽창을 도와주는 윤활작용과 케이크제품을 부드럽게 하는 연화작용을 한다. 또한 수분이나 향기성분의 증발을 방지하여 제품의 식감과 저장성을 향상시킨다.

⑤ 프랑스에서 버터대용품으로 마가린을 만들고, 미국에서 라드(돼지기름)대용품으로 식물성 고형유지를 배합해 품질을 안정・향상시킨 쇼트닝을 만들었다.

⑥ 쇼트닝은 무색・무미・무취이고 쇼트닝력(shortening power)과 크리밍력(creaming power)이 뛰어나므로 모든 제과에 사용된다.

5) 경화유

① 불포화도가 높은 액체상태의 어유나 식물성유에 수소첨가로 포화시켜 고체화시킨 유지를 말한다.

② 마가린 · 쇼트닝 제조에 이용한다.

6) 면실유

① 목화씨를 쪄서 압착하여 얻는 반건성 기름이다.

② 미국 최초의 식물성 기름으로 샐러드나 요리용으로 이용한다.

7) 콩기름

① 대두유라고도 하고, 미국과 국내에서 사용하는 기름의 60%를 차지한다.

② 리놀산 · 올레산 등 불포화지방산을 많이 함유하며, 산화에 안정적이다.

③ 식용으로는 정제 콩기름, 샐러드유 외에 마가린 · 쇼트닝 등이 있다.

8) 올리브유

① 지중해에서 다량 생산되고, 올레산을 75% 함유한다.

② 산화에 안정적이다.

③ 일반 식용유는 포화지방산과 복합불포화지방산을 많이 함유하고 있는 반면, 올리브유는 약 77%의 단순불포화지방을 포함하고 있어 혈중의 나쁜 콜레스테롤인 LDL을 낮추어준다.

④ 천연 산화방지물질인 토코페롤 · 스쿠알렌 · 폴리페놀 등을 함유하고 있어 고혈압 · 심장질환 · 소화불량 · 당뇨 등 성인병을 예방할 수 있다.

⑤ 우리 몸에 꼭 필요한 리놀레인산(필수지방산의 일종)을 적당량 포함하고 있고, 비타민 A · D · K와 특히 비타민 E를 많이 포함하고 있다.

⑥ 등급: 엑스트라 버진 → 퓨어 오일 → 버진 올리브유

9) 채종유

평지씨에서 생산하고 불포화지방산인 에루카산을 함유하고 있다.

10) 생선유

EPA(아이코사펜타엔산, $C_{20:5}$), DHA(도코사펜타엔산, $C_{22:6}$)를 함유하고 있다.

11) 튀김유

① 샐러드유에 비해 정제도가 떨어진다.
② 냄새가 없는 것이 고품질이고, 콩기름 · 옥수수기름 · 채종유 · 미강유 · 올리브유 등이 있다.

12) 샐러드유

① 주로 샐러드 드레싱을 만드는 데 쓰는 고급 식용유로 튀김유보다 정제된 기름이다.
② 지중해 연안에서 많이 생산되는 올리브유를 원료로 하였으나 현재는 면실유 · 콩기름 · 채종유 · 옥수수기름 등이 원료로 쓰인다.
③ 제빵용에는 콩기름, 제과용에는 팜유 · 목화씨유를 사용한다.

13) 쇠기름

소의 지방조직에서 채취하고, 융점이 체온보다 높아 찬 요리에는 부적당하다.

14) 마요네즈

① 정제된 식물성 기름과 달걀노른자 및 식초를 기본성분으로 하는 유화상태인 반고체식품으로 만든 샐러드용 드레싱 소스이다.
② 면실유 · 콩기름 · 채종유 · 옥수수기름 등으로 만든 샐러드유를 달걀노른자 · 식초 · 소금 · 설탕 · 겨자 · 후춧가루를 각각 소량씩 잘 섞어 만든다.

03.

조리에서 유지류의 역할

유지는 유화제에 의하여 물과 섞이는 유화성, 교반하면 내부에 공기를 품는 크리밍성, 밀가루 반죽의 유지는 연하고 부드러운 상태로 만들어주는 쇼트닝성을 가지고 있다.

1) 유화성(Emulsification)

① 유화란 물과 기름이 섞이는 것을 말하고, 섞이게 하는 물질을 유화제라 한다.

② 유화제는 분자 중에 친수기와 친유기를 동시에 가지고 있다.

③ 물과 기름이 섞이는 것은 물에 미세한 기름입자가 분산되는 경우, 기름에 미세한 물입자가 분산되는 경우이다.

유화제의 종류

수중유적형(Oil in Water type: O/W형)

- 물 속에 기름입자가 분산되어 있는 경우
- 우유, 생크림, 마요네즈, 아이스크림 등

유중수적형(Water in Oil: W/O형)

- 기름 속에 물이 분산되어 있는 경우
- 버터, 마가린 등

유화제의 종류

- 합성유화제로 여러 종류의 글리세린지방산에스테르가 사용된다.
- 천연유화제로 레시틴이 사용되나, 난황 레시틴은 비싸고 부패하기 쉬워 잘 사용하지 않는다.
- 대두 레시틴은 잘 변질되지 않고 대량생산되어 많이 사용된다.
- 가정에서는 난황의 레시틴을 많이 사용한다.

2) 크리밍성(Creaming Method)

① 크리밍성이란 유지를 교반하면 내부에 공기를 품는 성질을 말한다.

② 유지량에 비해서 많은 공기를 품는 유지일수록 크리밍성이 크다고 한다.

③ 크리밍성이 작은 유지를 넣어 만든 빵과 케이크는 부피가 작고 무거운 반면, 크리밍성이 높은 유지로 만든 빵은 밀가루의 팽창을 도와 부피도 크고 부드러워 품질이 좋다.

④ 쇼트닝 · 마가린 · 버터 · 생크림을 교반하면 공기를 함유하여 케이크제품의 연화성을 얻는다.

⑤ 유지와 설탕의 비율이 2 : 3일 때 가장 많은 공기를 포함할 수 있으며, 설탕입자가 고울수록 크리밍성이 커진다. 또한 25°C일 때 크리밍성이 가장 크다.

⑥ 쇼트닝은 라드보다 지방입자가 작아 크리밍성이 훨씬 크다.

⑦ 유지의 크리밍성: 쇼트닝 > 마가린 > 버터

3) 쇼트닝성(Shortening Property)

① 밀가루반죽에 유지를 넣으면 글루텐 표면에 유지가 둘러싸 글루텐의 망형성을 방해하여 연하고 부드러운 상태로 만들어준다. 즉 "유지가 글루텐을 짧게 하는 연화작용"을 쇼트닝성이라 한다.

② 쇼트닝의 "Shorten"은 "짧다"라는 의미도 있지만, "부스러지기 쉽다"라는 의미도 있다.

③ 쿠키나 비스켓을 입에 넣어 깨물면 쉽게 부스러지며, 이와 같은 성질을 쇼트닝성이라 한다.

쇼트닝성에 영향을 주는 인자

- 불포화지방산으로 구성된 식물성 유지가 포화지방산으로 구성된 동물성 유지보다 쇼트닝성이 우수하다.
- 도넛과 약과처럼 유지의 양이 증가할수록 쇼트닝성이 증가하여 쉽게 부서진다.
- 기름의 온도가 높을수록 쇼트닝성이 증가한다.
- 밀가루 반죽에 물이나 우유를 넣은 후 저으면 쇼트닝성이 감소한다.

표 5-7 각종 베이커리에 요구되는 쇼트닝의 성질

제품종류	크리밍성	가소성	쇼트닝성	유화성	산화안정성
빵 및 롤(roll)	-	◎	-	○	-
크래커	-	○	◎	-	◎
케이크	◎	○	-	◎	-
비스킷, 쿠키	-	○	◎	-	○
데니시 페이스트리	-	◎	-	-	-
파이	-	◎	◎	-	○

주: ◎ 매우 중요, ○ 중요, - 중요하지 않음

※ • 크리밍성: 믹싱할 때 공기를 포집하는 성질
• 쇼트닝성: 제품을 부드럽게 하는 성질
• 안정성: 쿠키와 같이 저장성이 큰 제품에 사용할 때 산패에 견디는 성질
• 신장성: 파이제조 시 반죽 사이에서 밀어 펴지는 성질
• 가소성: 고체지방성분의 변화에도 단단한 외형을 갖추는 성질

04.
튀김(Frying)

튀김은 기름을 열매개체로 하여 조리하는 것으로 가열온도가 높아 조리시간이 짧고 영양분의 손실이 적다. 또한 식품을 연하게 하고, 물과 기름의 교대로 풍미와 색을 증진하여 식욕을 돋우어준다.

① 유지는 비열이 낮아 온도가 쉽게 상승하고 쉽게 떨어지므로 직경이 넓은 용기보다는 좁은 용기에 기름을 충분히 넣고 적절한 온도에 도달한 후 재료를 조금씩 넣어 온도의 급격한 저하를 방지하며 튀긴다.

② 튀김은 기름의 흡수가 적은 것이 좋다.

1) 튀김기름의 품질평가

첫째, 색깔과 냄새 둘째, 기름의 감소량 셋째, 튀긴 후 거품이 쉽게 없어지는 정도로 평가한다.

(1) 색깔과 냄새

① 사용재료에 따라 달라지고 참기름과 같은 것은 색깔과 냄새가 짙다.

② 그러나 대부분의 기름은 샐러드기름과 비슷하여 색깔과 냄새가 없다.

(2) 기름 감소

① 튀김할 때 기름이 식재료에 흡수되거나 분해되어 휘발성 물질로 변하여 기름의 양이 감소한다.

② 튀김할 때 연기가 빨리 나는 기름일수록 기름소모량이 많다.

(3) 튀김거품

① 새 기름은 튀김을 할 때 재료를 넣으면 큰 거품이 생기며, 재료를 꺼내면 금방 사라진다.

② 오래 사용한 기름은 재료를 넣으면 비누거품과 같은 작은 거품이 표면 가득히 생기고, 튀긴 재료를 꺼낸 뒤에도 잠시 동안 없어지지 않는다. 기름이 이렇게 된 것을 피로했다고 한다.

2) 튀김조리와 기름의 보관

① 튀김온도는 160～180℃ 범위가 적당하나, 튀김재료에 따라 다르다.

② 조리하지 않고 장기간 뜨거운 상태를 유지하면 산화를 촉진하므로 튀김하지 않는 동안의 온도는 93～121℃로 낮춘다.

③ 사용한 기름은 식힌 후 거름망에 걸러 색깔 있는 유리병에 넣어 저온에 보관하고 단시일 내에 다시 사용한다.

④ 이물질이 있는 상태로 두면 기름의 산화를 촉진하고 발연점이 낮아진다.

기름 흡수가 많은 경우

- 낮은 온도에서 오랫동안 튀길 경우
- 식품의 표면적이 클 경우
- 식품에 지방과 당의 함유량이 많을 경우
- 기름의 발연점이 낮은 경우
- 강력분보다는 박력분일 경우
- 레시틴이나 수분함량이 높을 경우

실험 1 마요네즈를 만들 때 혼합방법과 재료량에 따른 안정성 비교

일자:

목적

영구적 유화액인 마요네즈를 만들 때 혼합방법과 재료의 양을 달리했을 때의 유화상태에 미치는 영향을 알고자 한다.

재료

- 달걀노른자 16g(1개분) × 7
- 식초 8ml, 32ml, 13ml × 5
- 식용유 220ml, 330ml, 120ml × 5
- 설탕 2g × 7
- 소금 1.5g × 7
- 겨자가루 1g × 7

기구 및 기기

일반 조리기구, 메스실린더(100ml, 500ml), 저울, 현미경

실험방법

기본방법

① 재료: 달걀노른자 16g(1개분), 식초 13ml, 기름 120ml, 설탕 2g, 소금 1.5g, 겨자가루 1g

② 방법

ⓐ 기름을 제외한 모든 재료를 작은 볼에 담고 잘 섞어 준다.

ⓑ 거품기로 저으며 기름을 1/2tsp씩 넣는다.

ⓒ 기름방울이 보이지 않을 때 까지 저어주고, 다음 번 기름을 넣어주는 것을 반복한다(이때 한 쪽 방향으로 저어주는 것이 좋다).

ⓓ 유화가 일어났다고 생각되면 기름을 조금 많이씩 넣어준다.

ⓔ 기름이 다 들어갈 때까지 계속한다.

실험처리구

① 실험 1: 혼합방법의 변화

재료: 기본방법의 재료

ⓐ 난황과 조미료만을 볼에 담고 잘 젓는다. 식초와 기름을 1/2tsp씩 번갈아가며 넣고 식초가 없어지면 기름만 계속 넣는다. 식초와 기름을 넣을 때 다 잘 저어 완전히 젓는다. 계속해서 마요네즈의 농도를 관찰한다.

② 실험 2: 유화제의 양에 의한 영향

재료: 기본재료+난황 1개

ⓐ 기본재료에 난황 1개를 더 넣어 기본방법과 같이 한다.

③ 실험 3: 식초양에 의한 영향

재료: 기본재료에서 식초의 양만 각각 8ml와 32ml로 조정한다.

ⓐ 기본방법과 같이 하되, 8ml의 식초를 넣는다.

ⓑ 기본방법과 같이 하되, 32ml의 식초를 넣는다.

④ 실험 4: 기름양에 의한 영향

재료: 기본재료에서 기름의 양을 각각 220g과 330g으로 조정한다.

ⓐ 기본방법과 같이 하되, 기름의 양을 220g으로 한다.

ⓑ 기본방법과 같이 하되, 기름의 양을 330g으로 한다.

평가방법 및 결과

각 조에서는 기본 재료와 방법으로 마요네즈를 만들어 다른 변화를 준 마요네즈와 비교한다.

① 주관적 평가: 각각의 마요네즈의 색・맛을 평가 한다.

② 객관적 평가: 현미경으로 마요네즈의 지방구의 크기와 균질 상태를 관찰하여 그림으로 그려본다.

시료 \ 항목		색	맛	현미경으로 본 지방구의 크기	
기본방법					물방울 모양, 둥글고 작으며 드문드문 보임
실험 1					드문드문 보임
실험 2					표준보다 더 작은 지방구들과 하나의 더 큰 지방구가 섞여서 보임(지방구가 균일하지 않음)
실험 3	①				지방구가 균일하지 않고 지방구의 수가 많음
	②				지방구가 균일하지 않고 지방구의 수가 많음
실험 4	①				표준보다 약간* 큰 지방구이고 지방구가 불규칙함
	②				지방구의 크기가 불규칙함

주: 지방이 많이 들어가면 지방구 크기가 작다.

Question

1. 마요네즈를 만들 때 사용하는 재료들의 역할에 대하여 설명하시오.

   ① 식초

   ② 레몬즙

   ③ 소금

   ④ 겨자

2. 오늘 실험을 통해서 확인해본 결과를 바탕으로 마요네즈의 올바른 제조법과 보관 중 분리된 마요네즈를 재생할 수 있는 방법을 설명하시오.

고찰 및 소감(참고문헌)

실험 2 튀김온도를 달리한 감자튀김의 특성

일자:

목적

튀김온도를 달리하여 튀긴 감자튀김이 튀긴 후의 무게감소율과 관능특성을 비교한다.

재료

- 감자 50g × 4
- 식용유 0.7L

기구 및 기기

일반 조리기구, 튀김냄비, 온도계, 저울, 타이머

실험방법

① 감자는 껍질을 벗겨 1×1×4cm의 크기로 썰어서 물에 담갔다가 마른 행주로 물기를 닦은 후 50 g 정도씩 4그룹으로 나누어(A · B · C · D) 각각의 정확한 무게를 측정한다.
② 온도계를 이용하여 기름온도가 140℃가 되면 A를 넣고 그 온도를 유지하면서 3분간 튀겨서 건진 다음 1분 후 무게를 재고 무게감소율을 계산한다.
③ B는 160℃, C는 180℃에서 A와 같은 방법으로 튀겨서 무게감소율을 계산한다.
④ D는 끓는 물에 살짝 데쳐서 180℃에서 C와 같은 색이 될 때까지 튀기고 그 시간을 잰다.
⑤ A · B · C · D의 특성을 평가한다.

평가

① 각 시료의 색, 입안에서의 느낌, 느끼한 정도, 전반적인 바람직성 등에 대하여 관능검사를 한다.

② 각 시료의 무게감소율을 계산한다.

결과

<table>
<tr><th rowspan="2">튀김온도
(°C)</th><th colspan="2">무게(g)</th><th rowspan="2">무게 감소율
(%)</th><th colspan="4">관능특성</th></tr>
<tr><th>튀기기 전</th><th>튀긴 후</th><th>색</th><th>바삭바삭한
정도</th><th>느끼한
정도</th><th>전체적인
맛</th></tr>
<tr><td>140</td><td></td><td></td><td></td><td></td><td></td><td></td><td></td></tr>
<tr><td>160</td><td></td><td></td><td></td><td></td><td></td><td></td><td></td></tr>
<tr><td>180</td><td></td><td></td><td></td><td></td><td></td><td></td><td></td></tr>
<tr><td>180
(끓는 물에 살짝
익힌감자)</td><td></td><td></td><td></td><td></td><td></td><td></td><td></td></tr>
</table>

Question

1. 튀김기름의 온도판별법을 설명하시오.

2. 튀김 시 흡유량을 증가시키는 요인에 대하여 서술하시오.

3. 식용유를 냉장보관하거나 날씨가 차가운 겨울철에는 뿌옇게 되는 경우가 있는데, 그 이유에 대하여 설명하시오.

4. 튀김유와 튀김온도와의 관계에 대하여 간단히 설명하시오.

5. 튀김옷을 만들 때 각각의 재료들의 영향에 대하여 쓰시오.
   ① 밀가루:
   ② 달걀:
   ③ 베이킹소다:
   ④ 설탕:
   ⑤ 물:

고찰 및 소감(참고문헌)

참고문헌

김현주 외(2013), 에센스 실험조리, 지구문화사.

변진원 외(2013), 메뉴개발을 위한 실험조리, 지구문화사.

우인애 외(2012), 한눈에 보이는 실험조리, 교문사.

이종호 외(2004), 조리원리와 실제, 교문사.

장명숙(2004), 최신 실험조리, 도서출판 효일.

_____(2013), 식품과 조리원리, 도서출판 효일.

조경련 외(2011), 실험조리과학, 교문사.

저자소개

[김 형 렬]

- 단국대학교 대학원 식품영양학과-조리과학 및 단체급식 전공(이학박사)
- '88서울올림픽대회 선수촌 급식사업단 근무
- (주)쉐라톤그랜드워커힐호텔 근무
- (주)파라다이스 워커힐지점 조리과장(조리장) 근무
- 안양대림대학 호텔관광외식경영과 겸임교수
- 대경대학교 호텔조리학부 교수(학부장)
- 제2회 서울국제요리경연대회 입상(은상, 1993. 6)
- 한국방문의 해 기념 서울국제요리대회 입상(금상, 1994. 6)
- 현, 부천대학교 호텔외식조리과 교수

조리사를 위한 실험조리 이론 및 실습

초판 1쇄 발행 2017년 8월 30일
초판 2쇄 발행 2022년 8월 20일

저자 김형렬 | **발행인** 박성진 | **발행처** 대 왕 사
등록 1976년 11월 30일 제5~54호
주소 서울시 동대문구 외대역동로 133-1
물류 경기도 파주시 소라지로 176-25(송촌동 414-12)
전화 (031)947-5471(代) | **팩스** (031)947-5470
홈페이지 http://www.daewangsa.net | **이메일** dws74@hanmail.net
값 18,000원

ISBN 978-89-456-5936-1 93590